高 等 院 校 建 筑 学 系 列 教 材

建筑
速写技法

ARCHITECTURAL SKETCH TECHNIQUES

（第2版）

陈新生 著

清華大学出版社
北京

图书在版编目（CIP）数据

建筑速写技法 / 陈新生著. — 2版. — 北京：清华大学出版社，2020.10（2023.8重印）
高等院校建筑学系列教材
ISBN 978-7-302-56428-7

Ⅰ. ①建… Ⅱ. ①陈… Ⅲ. ①建筑艺术－速写技法－高等学校－教材 Ⅳ. ①TU204.111

中国版本图书馆CIP数据核字（2020）第171382号

责任编辑： 刘一琳　王　华
封面设计： 陈国熙
责任校对： 王淑云
责任印制： 丛怀宇

出版发行： 清华大学出版社
网　　址： http://www.tup.com.cn, http://www.wqbook.com
地　　址： 北京清华大学学研大厦A座　　**邮　　编：** 100084
社 总 机： 010-83470000　　**邮　　购：** 010-62786544
投稿与读者服务： 010-62776969, c-service@tup.tsinghua.edu.cn
质量反馈： 010-62772015, zhiliang@tup.tsinghua.edu.cn
印 装 者： 三河市东方印刷有限公司
经　　销： 全国新华书店
开　　本： 210mm × 285mm　**印　　张：** 12.25　**插　　页：** 4　**字　　数：** 325千字
版　　次： 2005年8月第1版　2020年10月第2版　**印　　次：** 2023年8月第5次印刷
定　　价： 49.80元

产品编号：088193-02

前言

建筑速写，指的是迅速描绘对象的临场习作。它要求在短时间内，使用简单的绘画工具，以简练的线条扼要地画出对象的形体特征、动势和神态。它可以记录形象，为创作收集素材。在这个意义上，它可被视为写生的一种，同时建筑速写还可以作为一种独特的艺术表现形式或设计构思和表现。这是设计师对客观世界进行艺术表达的第一步。好的建筑速写与其他绘画形式一样，都有独立存在的艺术价值。我们从古今中外的建筑设计大师的作品中可以看到，他们除了创作出许多经典的名作之外，还留下了大量生动的建筑速写作品，这些作品同样成为人类艺术宝库中的瑰宝。

随着科学技术的不断进步，计算机的应用给建筑设计带来了历史性的变革。在这种形势下，有人可能会认为，建筑速写这种徒手绘画形式将会逐渐被那些先进的技术所代替。其实不然，虽然计算机已普遍运用于建筑设计中，并充分展现出优越性，但这些设备无论多么先进，都只是由人操作的。建筑设计的过程是创造性的思维过程，是设计人员主观意识形态的反映。因此，建筑师要有艺术思维能力和创作的灵感，而这种灵感是任何先进的机器所不具备的，也不可能被某种现代技术所替代。这种思维能力只有通过不断学习和实践，广泛地获取知识，才能真正获得。这也正是我们学习、训练建筑速写的意义所在。反过来，随着徒手表现能力的增强，能够最大限度地挖掘计算机绘图的潜在能力，表现手法也更为灵活多样。

建筑设计是一种文化，通过建筑速写可以提高设计师的素质和修养。它不存在固定的法则和走向，同样的对象，不同的作者会有不同的感受，描绘出来的画面在明暗、构图、风格和形式等方面有很大区别，不同的画者创作出来的建筑速写往往是个人思绪、情感的真实写照，它包含着很多思绪的变化，通常在控制画面的总体感觉的同时，也在调整个人的个性风格。这种充分反映画者主观感受的特点也同样是建筑速写的魅力所在。因此，多练习建筑速写，不仅有助于提高绘画的技法能力，而且可以丰富我们的情感以及对客观世界的认识。建筑速写不单纯是一种造型基础练习，更是一种提升感受和思维的重要方法。没有对建筑深刻的理解是画不好建筑速写的。通过画建筑及风景速写，不仅可以锻炼观察力和表现力，更可以陶冶艺术情操，感受大千世界的灵气，从而激发出创作者的激情与灵感。

2020年7月

目录

建筑速写基础训练

学习要点

素描是一切造型艺术的基础，速写则是素描学习中的重要组成部分，对于建筑速写的掌握需要绘画者长期训练，不是一朝一夕就能够驾驭的。建筑速写需要的素材是多种多样的，静物、石膏像、人物、植物等都可以纳入画面，设计草图、记录资料，甚至电影电视中的图像默写，都可以作为建筑速写的题材。在绘画时手脑合一、心到手到，可以称得上是建筑速写技法的最佳境界。

建筑速写作为一项造型艺术的基础训练对于学习建筑设计来说有3种意义：一是培养人们对物体敏锐的观察能力和快速的表达能力；二是收集大量的设计资料和储存丰富的形象信息；三是理解建筑空间的整体面貌和感悟物体的造型尺度细节。所谓建筑速写，表面上看，就是用较快的速度来描绘建筑以及环境，而它的实质含义更丰富、更宽泛，不仅是速度上要快捷，同时对我们观察对象的敏锐性、捕捉对象的整体性等方面的能力有更高的要求。建筑速写这种造型艺术的表现形式是建筑设计师、艺术家表达设计意图的一种重要语言。建筑速写既是建筑造型艺术中不可缺少的一种基本功训练，又是建筑设计过程中的一种重要表达手段。建筑速写需要绘画者手、眼及脑并用，通过对对象的观察分析，然后进行刻画。只有通过这样一个过程，才能加深绘画者对描绘对象的感性理解和记忆，同时也提高其对物体的艺术感受能力。建筑速写是一种即兴的表现，是对形象熟记于心后的一挥而就，是临场的随机应变和驾驭。一幅成功的建筑速写或快速表现图看起来只是几笔轻松的勾勒和描绘，殊不知其中需要经过大量的训练和摸索才能达到技法炉火纯青的程度。建筑速写是素描绘画的一种表现形式，是整个素描学习中的重要组成部分，从某种意义上来说，建筑速写学习就是素描学习。实践证明速写好的人往往脑灵、眼高、手巧，做起设计来奇思迭出，反应灵敏，表现快速，这与他们长期的速写训练分不开。

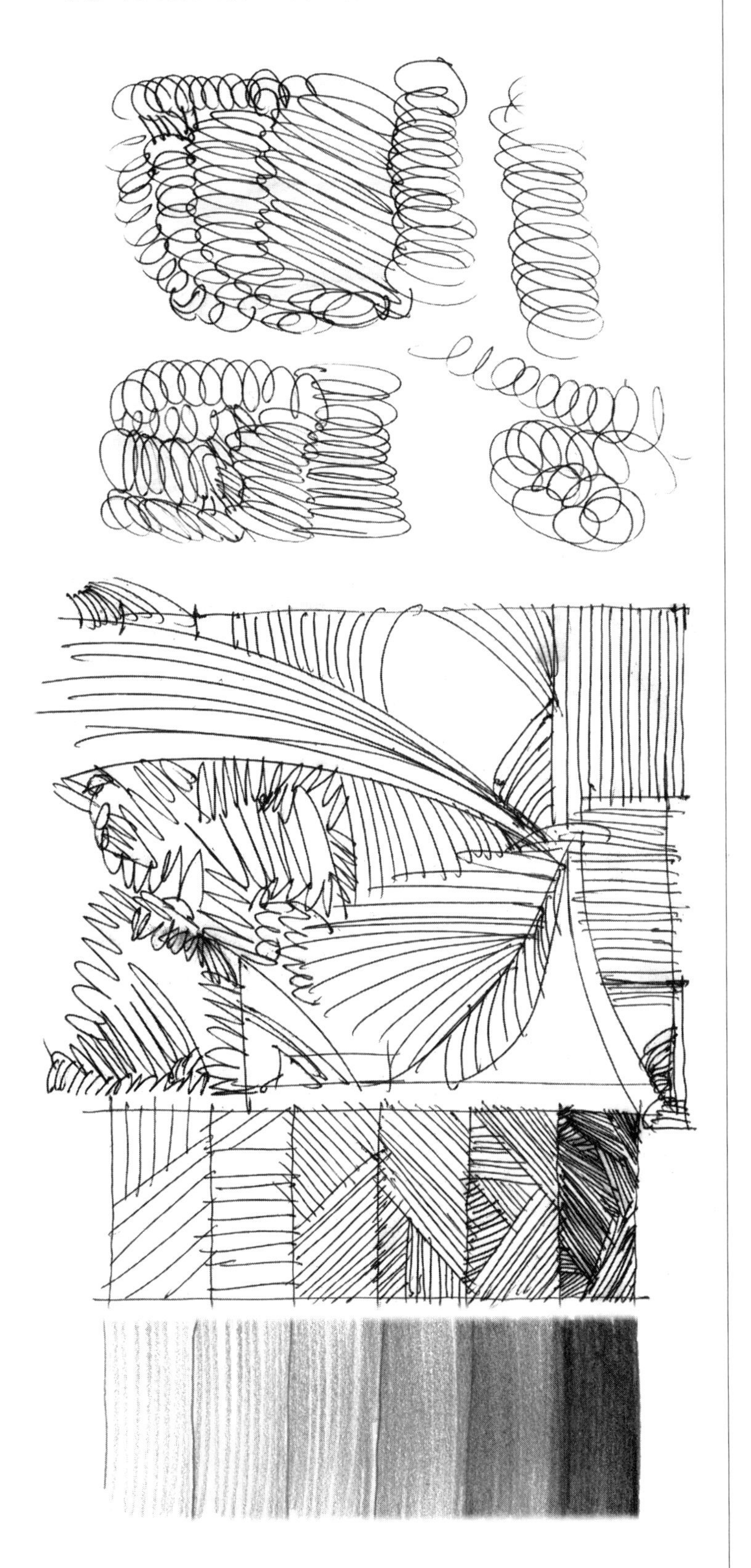

A 线条练习

线条是建筑速写造型要素中最基本的形式，如何运用线条来表现客观事物就显得非常关键，在建筑速写绘画中，线条具有重要的作用和意义。我们知道，在自然景物中，实际上不存在什么线条，景物轮廓的形线表现是人们主观创造出来的。但在建筑速写中涉及的线条，并不是抽象、无生命、无内容的线条，而是能充分体现客观景物的形体、结构与精神的线条，它被赋予表达形体和空间感觉的职能。因此，在建筑速写绘画过程中，要大胆地尝试用各种线条来表现对象，体会不同线条再现对象的感觉，充分利用线条的疏密、轻重、节奏来把握画面的整体效果，加强线条的灵活性和多样性能使画面产生热情和美感。

建筑速写绘画工具有速写本、纸、笔和墨水等。建筑速写没有画笔和纸张的限制，铅笔、钢笔、针管笔、毛笔均可用；白纸、色纸、宣纸、透明纸亦无妨。主要目的是练习手、眼、脑的有机配合。建筑速写本可购买可自做，一般不宜太大，便于随身携带。一有灵感，随即出手就画，非常方便。一般纸品都可以用来画建筑速写，但不同的纸张，运用不同工具，其效果也是大不一样的。卡纸质硬，正面白而光滑，反面灰而涩，白面用钢笔画建筑速写最佳，用铅笔也可。普通复印纸做建筑速写也是一种方便的选择。铅笔有软硬之分，铅笔的特点是润滑流畅，适用于以线条及明暗表现对象，铅笔画出的线条有粗细、浓淡等画面效果，在画明暗调子时，层次变化丰富，画面较生动。钢笔画出的线条挺拔有力，并富有弹性，调子的变化是靠线条的排列组织叠加而成的，画面效果细致深入。美工笔是特制的弯头钢笔，可粗可细，笔触变化丰富，画建筑速写可以线面结合，使画面灵活多变，丰富多彩。墨水一般选用不褪色的碳素墨水。

排线是建筑速写最基础的要素，铅笔排线是靠用力的轻重来反映明暗层次，钢笔排线同样可以用线条的轻重来反映明暗层次，只不过没有铅笔那样明显而已。一般来说，用钢笔做建筑速写可以用线条的疏密来反映明暗层次。

以直线或曲线做一些规律性的排列就形成了一个灰面，灰面的深浅与线条的密度有着直接的关系。以这种大面积的排线方式组成的画面富有装饰感。一般来说，排列曲线比排列直线难度要大一些，较短的曲线以手腕运动画出，较长的曲线则以手臂运动画出。画较长的曲线要做到胸有成竹，落笔之前就要看准笔画的结束点才能用较快的速度画出流畅、准确的曲线。

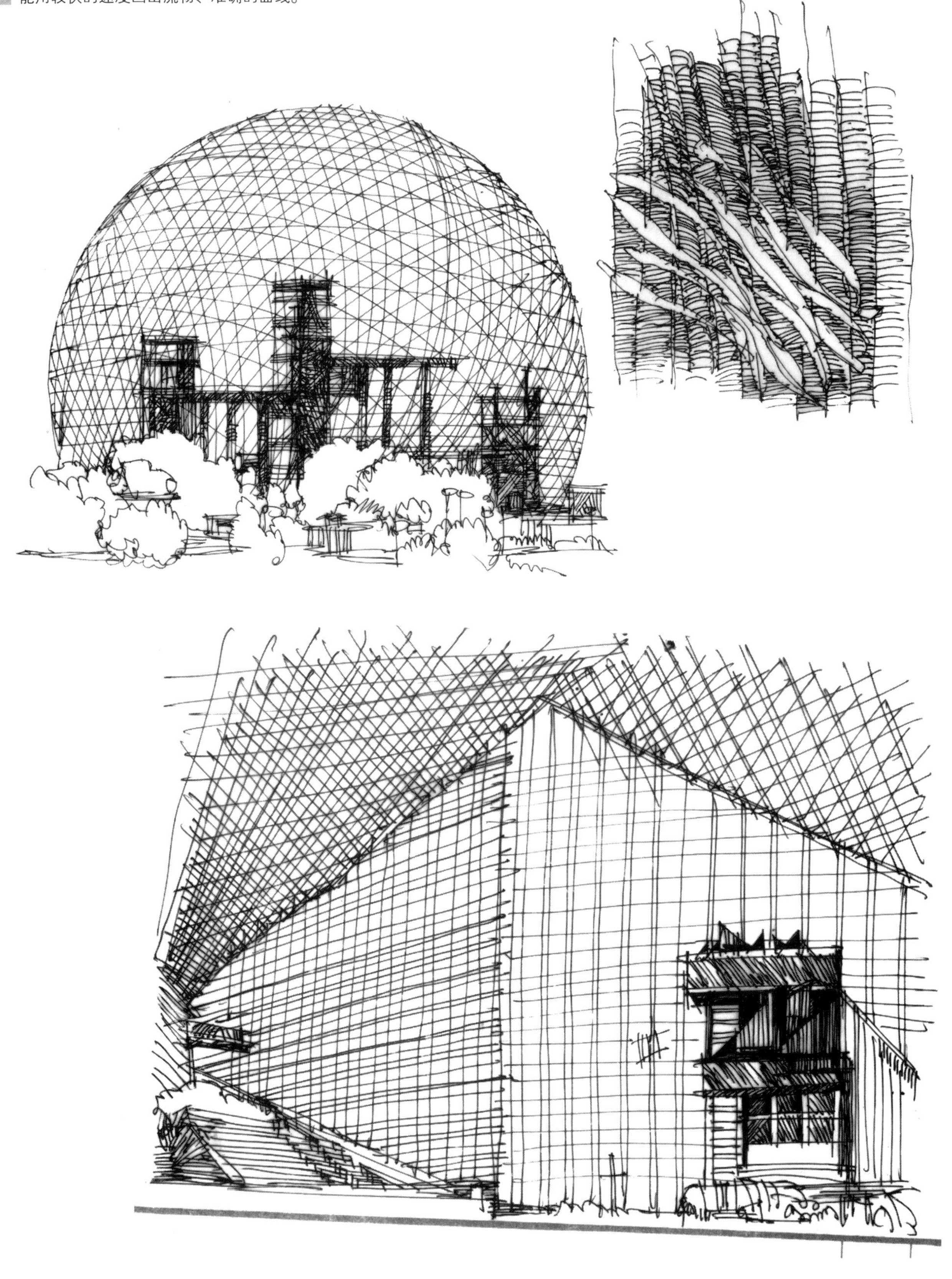

各种场景对于建筑速写都有一定的启发性，山脉的结构是沿一定的方向延伸,其中包含了由若干条山岭和山谷组成的山体，由于光线的方向，形成了明暗关系，塑造了形体。云朵看似抽象，其实也有自己的结构、大小关系、主次关系、与建筑物的关系，这些都是要考虑的内容。下图描绘的是巴黎新区拉德方斯，充满了现代的气息，雨过天晴，天空气象万千。以钢笔排线的疏密画出富有变化的云朵，渲染了画面的气氛。

建筑速写所涉及的内容相当广泛，除了人物以外，自然界的一切都可以成为它的表现内容。建筑设计不可能脱离自然环境，对环境的设计也是设计师的任务之一。因此，建筑速写概括起来主要包含了自然景观和人造景观两大内容。描绘风景速写的线条可以更加自由奔放一些，线条统一朝着一个方向更能够体现气候特征。

在静物速写表现时，我们没有必要刻意去摆放一组完整的静物，相关的或不相关的静物都可以描绘于画面当中，主要目的就是利用静物这个载体，通过线条组织及面的处理等手法来表现，以此来提高造型能力。

B 快图标题

建筑快图是建筑学和城乡规划专业及相关领域的一种基本作业形式和考核项目，普遍用于课程作业和各类考试。具体是指被考核者在较短的时间内完成建筑设计和规划设计，强调从文字到图形的表达，旨在考查被考核者在专业上的设计能力、方案构思能力、基地分析能力、概括能力、创意能力、表达能力、深化能力和理性判断能力。一般来说，建筑快图会涉及标题的书写，虽然这并不是建筑快图的核心内容，但是同样需要从画面的整体安排来经营标题的位置、大小、书写风格与色彩明暗，这方面的内容也需要专门的训练。

一般来说，对于建筑快题中的英文字母，建议用大写，而不用小写。大写比小写简单，上下都是对齐的，这样容易形成一个“块”。其实，大写字母在生活中也被广泛应用。比如在机场、车站、纪念碑等的英文标牌或文字都是大写。大写字母一般分为4种类型：第一种是方形，第二种是三角形，第三种是圆形，第四种是其他的一些特殊的字母。写英文字母最好的办法就是用减法。先打好上下两道线，然后在这个线内分好格子。在格子中减去一些部分，就得到了这个字母。

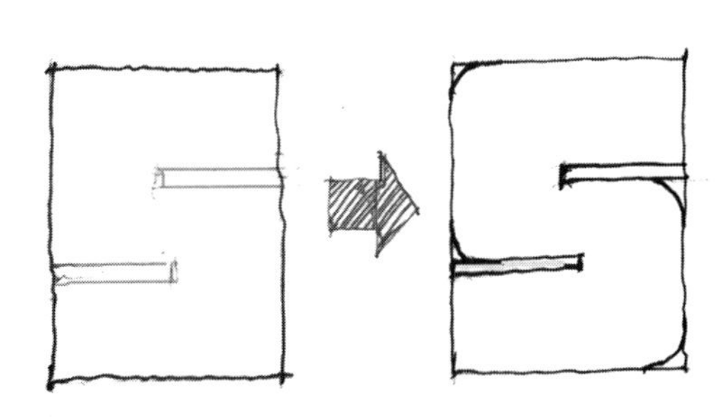

建筑快题中的英文字母笔画可以尽可能粗一些，淡一些，这样可以形成一个含蓄的、不太突出的“块”。

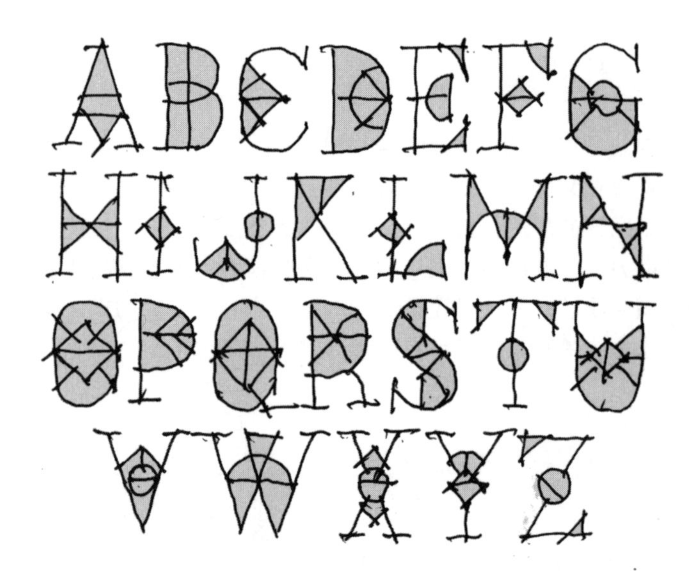

汉字是世界文字中最难写的一种。在建筑快图标题中的汉字，我们可以写得抽象一些，简化一些。尽可能做到合并同类项，就是说汉字的笔画尽可能地统一。偏旁“三点水”可以简化为3个竖点，也可以是3个斜点。偏旁“绞丝旁”也可以用简化的笔画，或者是横竖来代替。汉字中撇捺比较多的字应注意撇捺的角度尽可能一致。总的来说，写出的字只要别人能够识别即可。

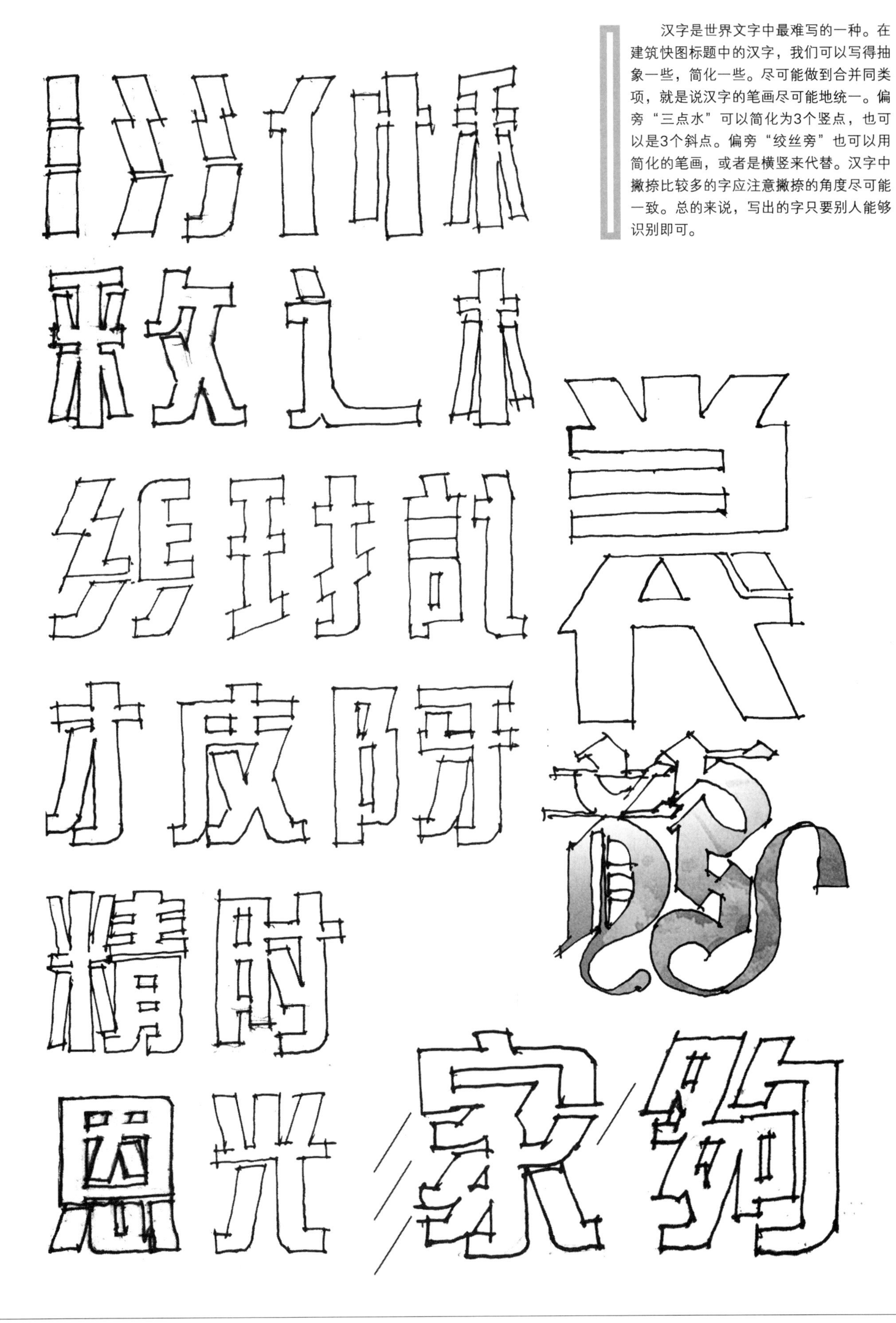

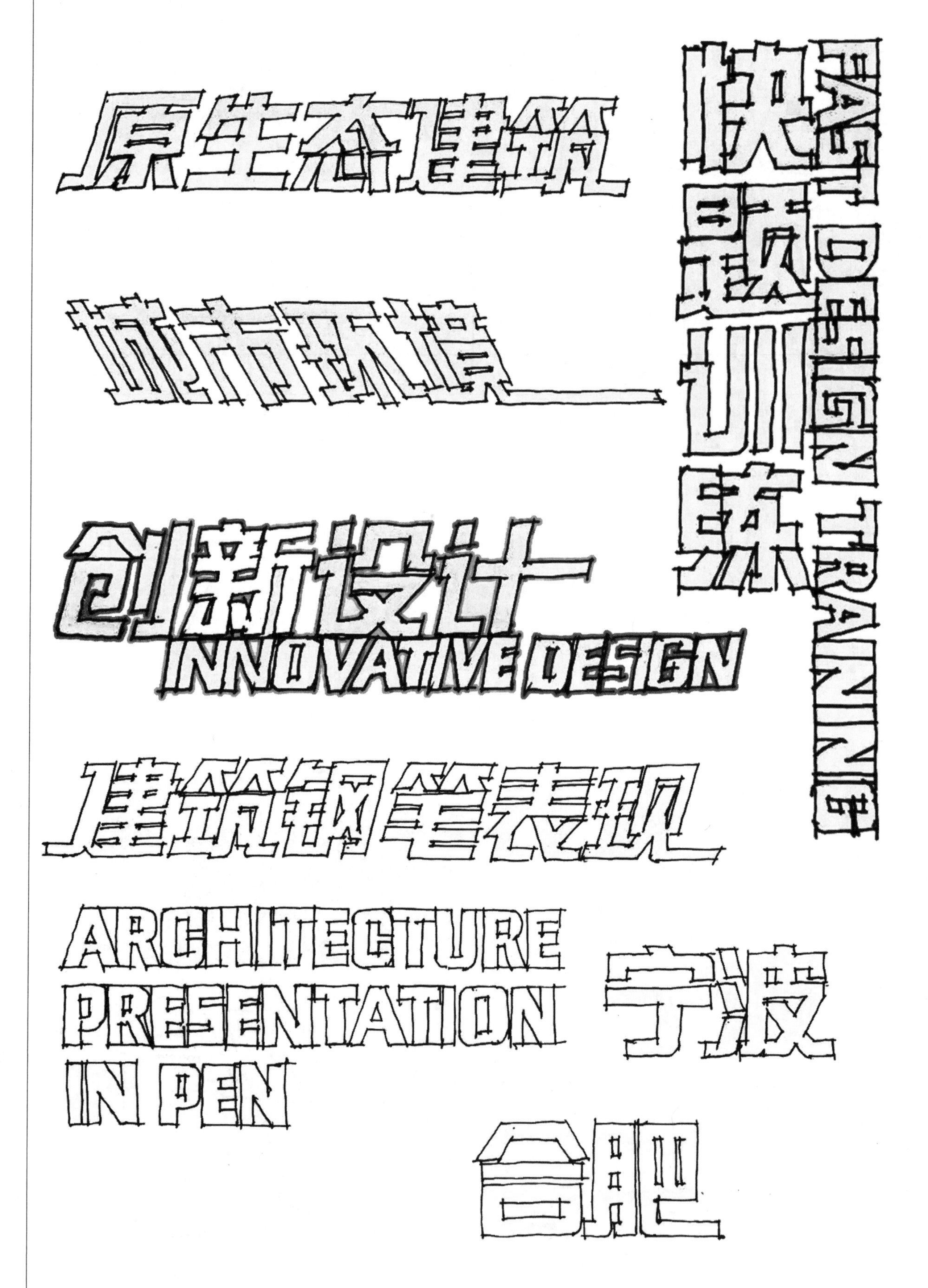
原生态建筑
快题训练
DESIGN TRAINING
城市环境
创新设计
INNOVATIVE DESIGN
建筑钢笔表现
ARCHITECTURE
PRESENTATION
IN PEN
宁波
合肥

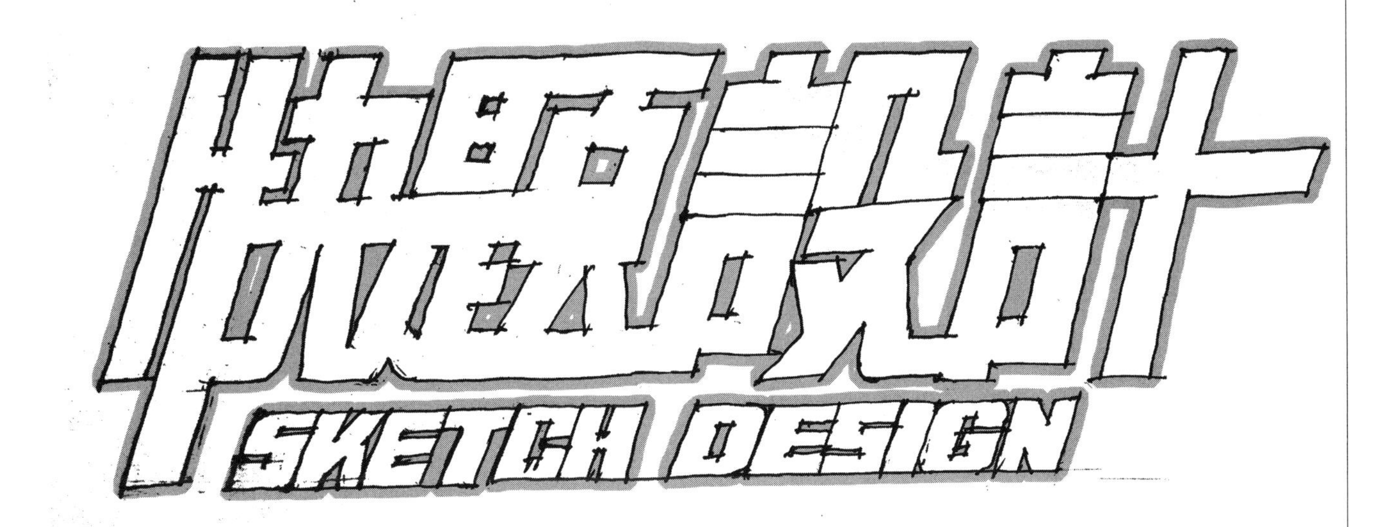

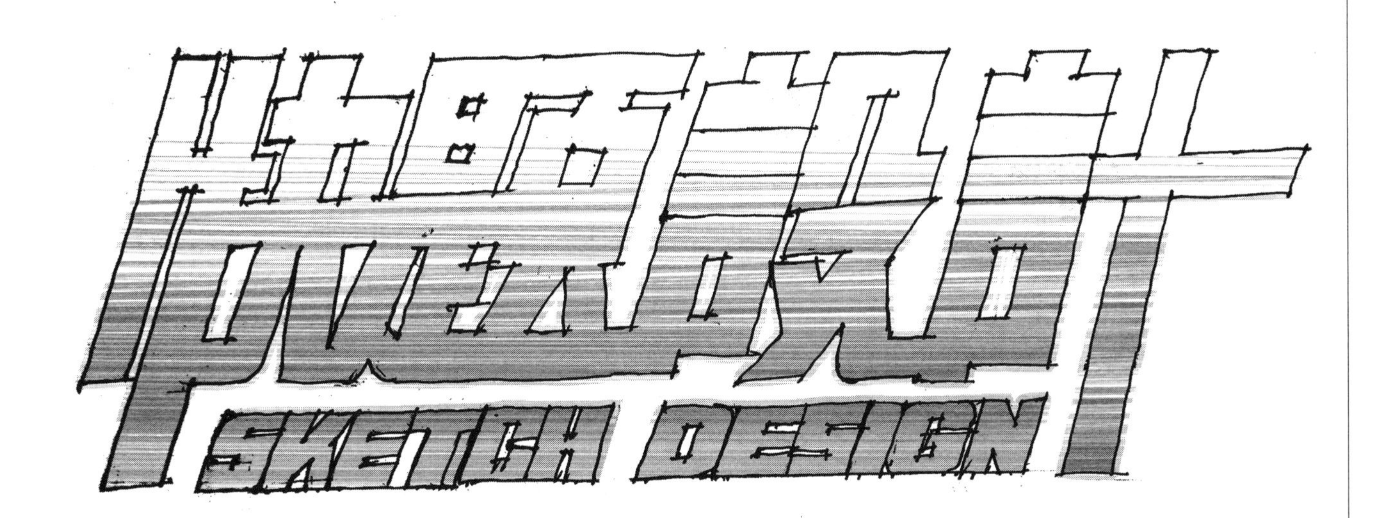

建筑快图中的汉字，以计算机系统中的“综艺体”为蓝本比较合适。写字有几个要求：横平竖直、笔画一致、上紧下松、顶满格子。所有的字都顶满格子，基本上就大小一致了。但是，要注意的是有些字，如回、口、国等字，要比格子小一点；而有些字，如大、小、多、少等字，要比格子大一点，这样看上去所有字才能够在视觉上一样大小。另外，汉字中一般来说横比较细一点，竖比较粗一点，因为大部分汉字横笔画比较多，竖笔画比较少，横细竖粗才比较合理。写字的步骤可以先打好格子，用铅笔起稿，然后用钢笔勾线，最后可以用淡灰色的马克笔沿钢笔线外沿勾一圈即可。也可以用灰色的马克笔，由下向上或由上向下做一些深浅的渐变。

C 立体构成

描绘各种形体组合对于建筑造型设计有着直接的帮助。很多建筑造型都是由一些几何形体组合而成的。对于这些由各种几何形体组合而成的建筑造型，只要我们平时注意多画一些石膏几何模型和静物，再来描绘建筑物就会感到轻松许多。我们身边的静物随处可见、随手可得，它们是画建筑速写非常好的体裁。静物表现要求我们分析各种不同静物的造型及其特点，从而使静物画更加动人。

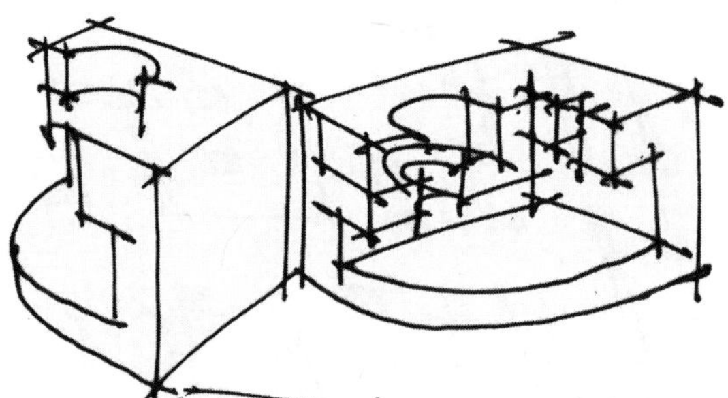

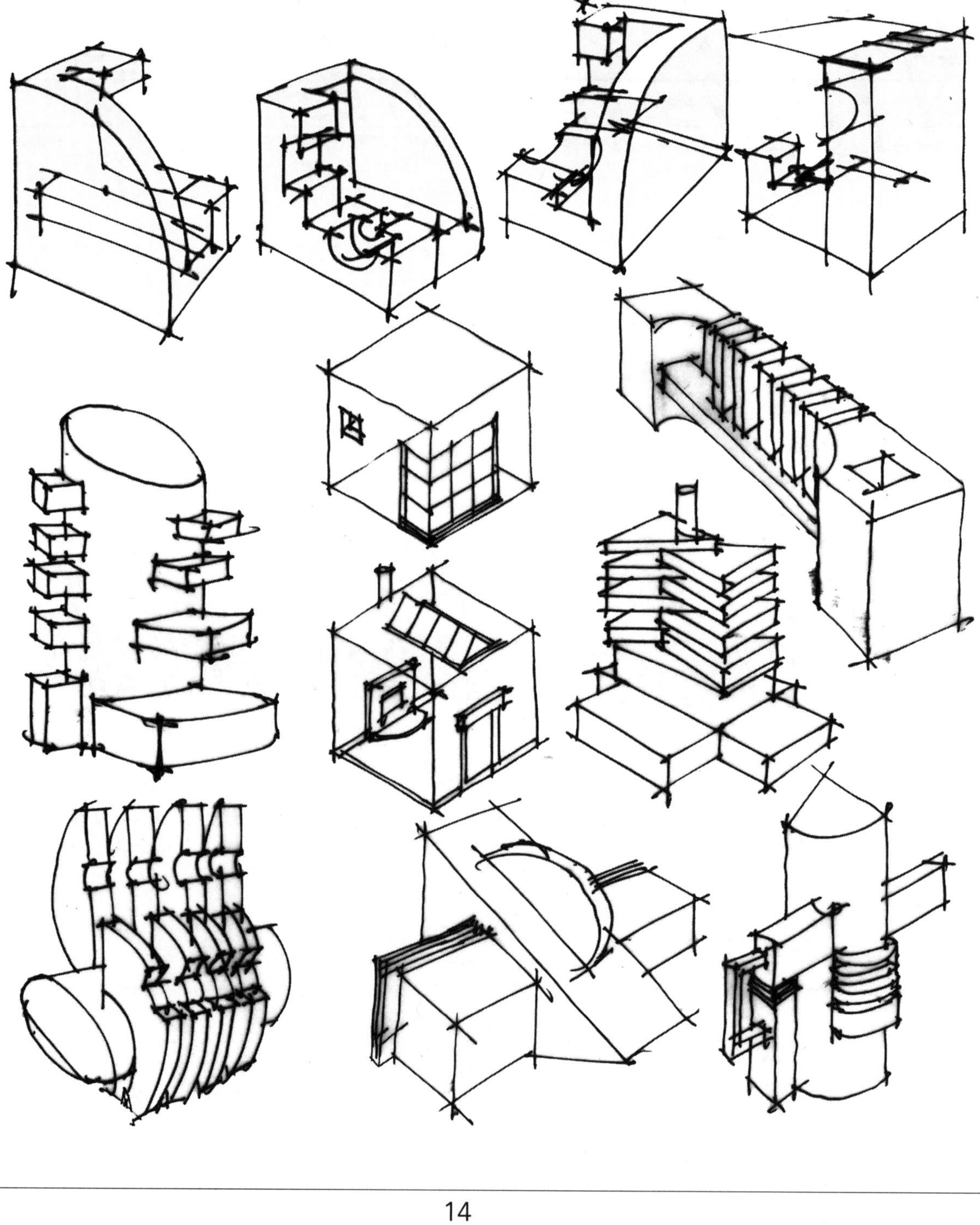

建筑速写，除了可以描绘日常所见到的一些立体构成、立体造型以外，还可以做一些创作和立体造型的训练。这个训练可以用一个简单的方法来实践，在一个1号图板的中间靠下方，贴一张A3复印纸。用丁字尺在图板的上方画一道水平线，在水平线的两端分别钉一个大头针。然后用丁字尺的一端紧靠着一个大头针，另一端做随意的转动画出斜线，然后在另外一个大头针处做同样的操作。这些线就是透视线的网格，在这个网格中间画出造型。这样造型的透视关系基本上都是正确的。这对于我们理解透视关系是有好处的。注意水平线两端消失点的距离不能太近，如果相距太近，画出的造型就会失真变形。

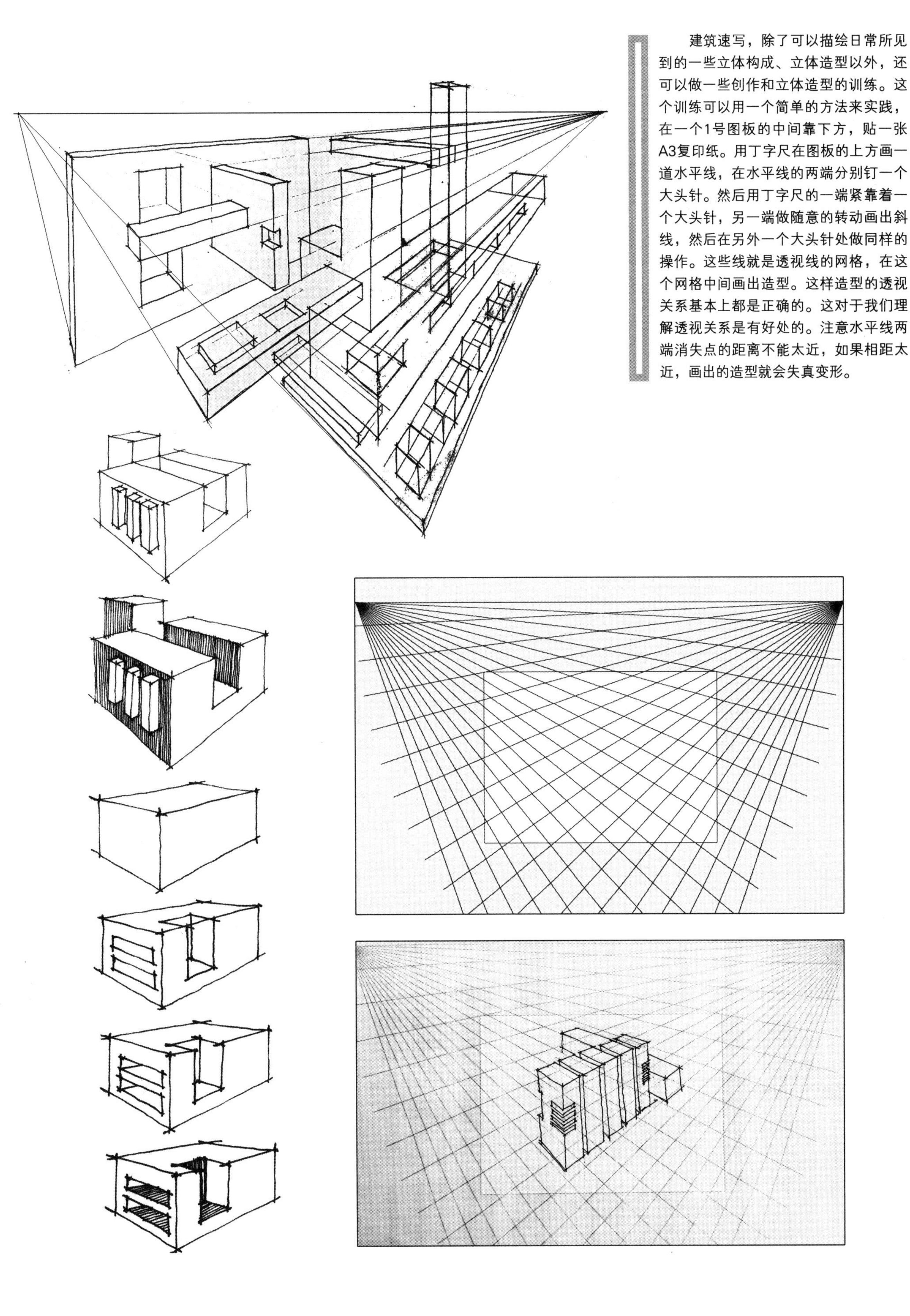

现代科幻片中的一些道具及场景造型极为复杂并富有想像力，平时多对这些物体进行描绘能够加深我们对于造型和透视的理解。下面的图形富有中国传统韵味。

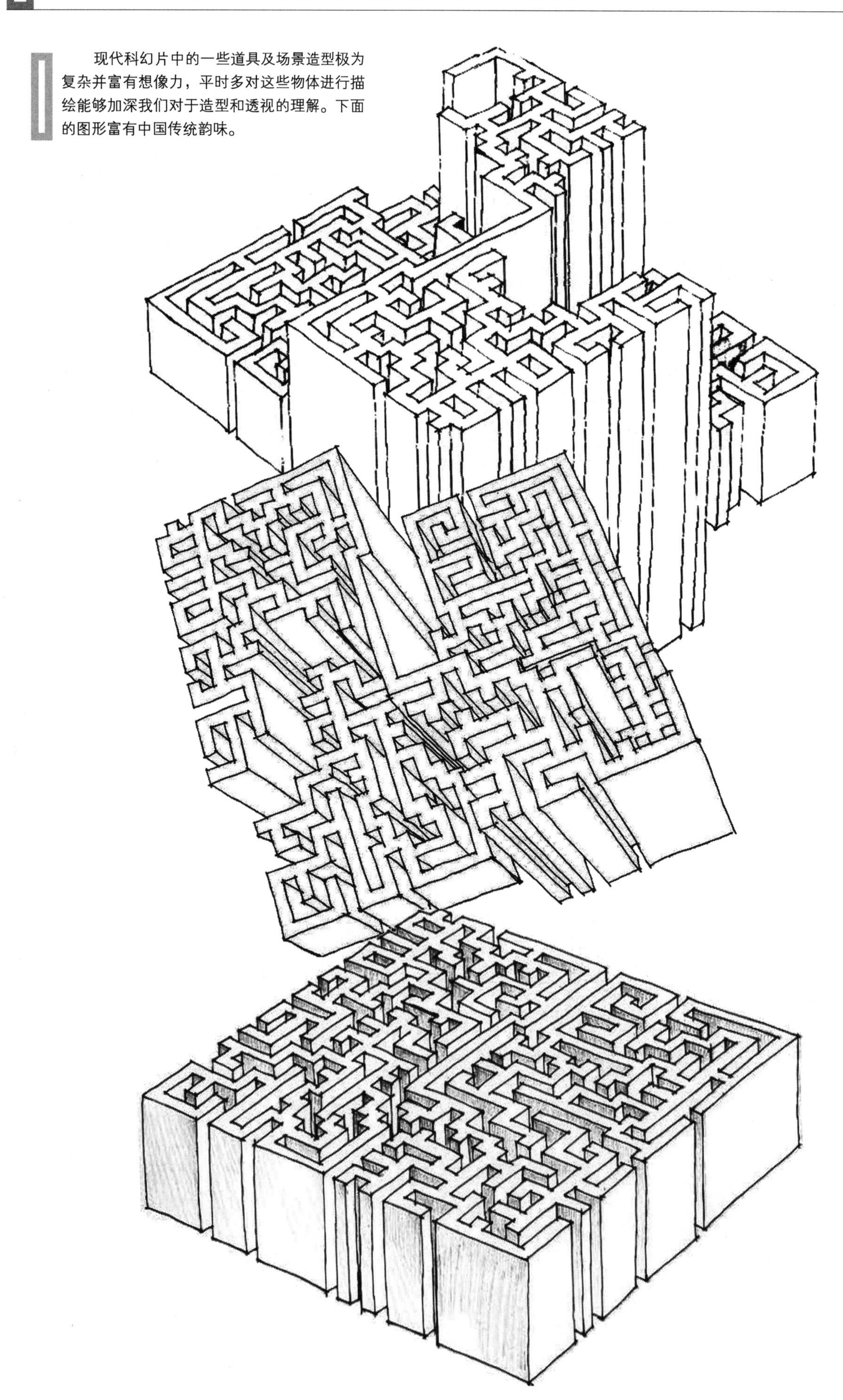

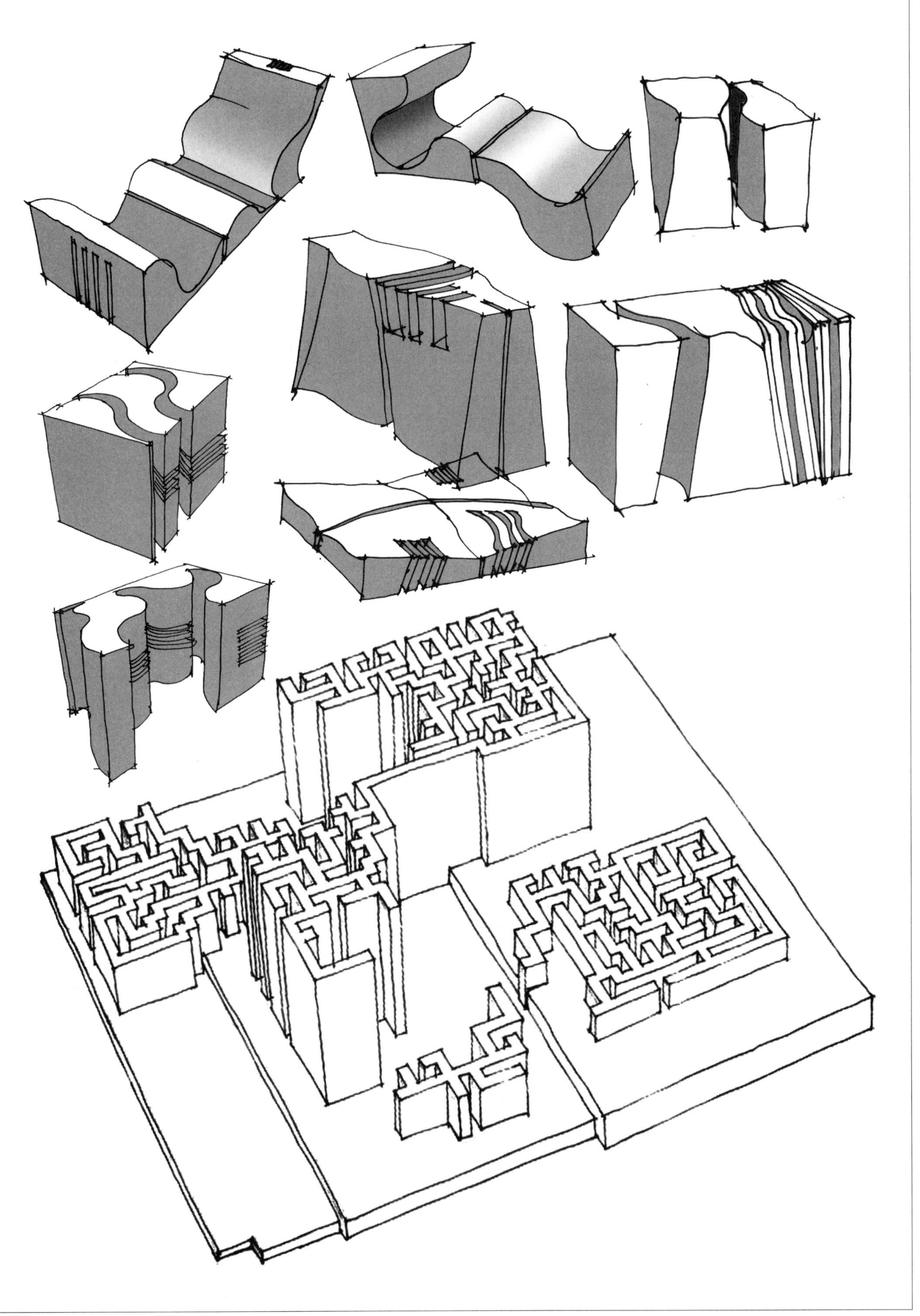

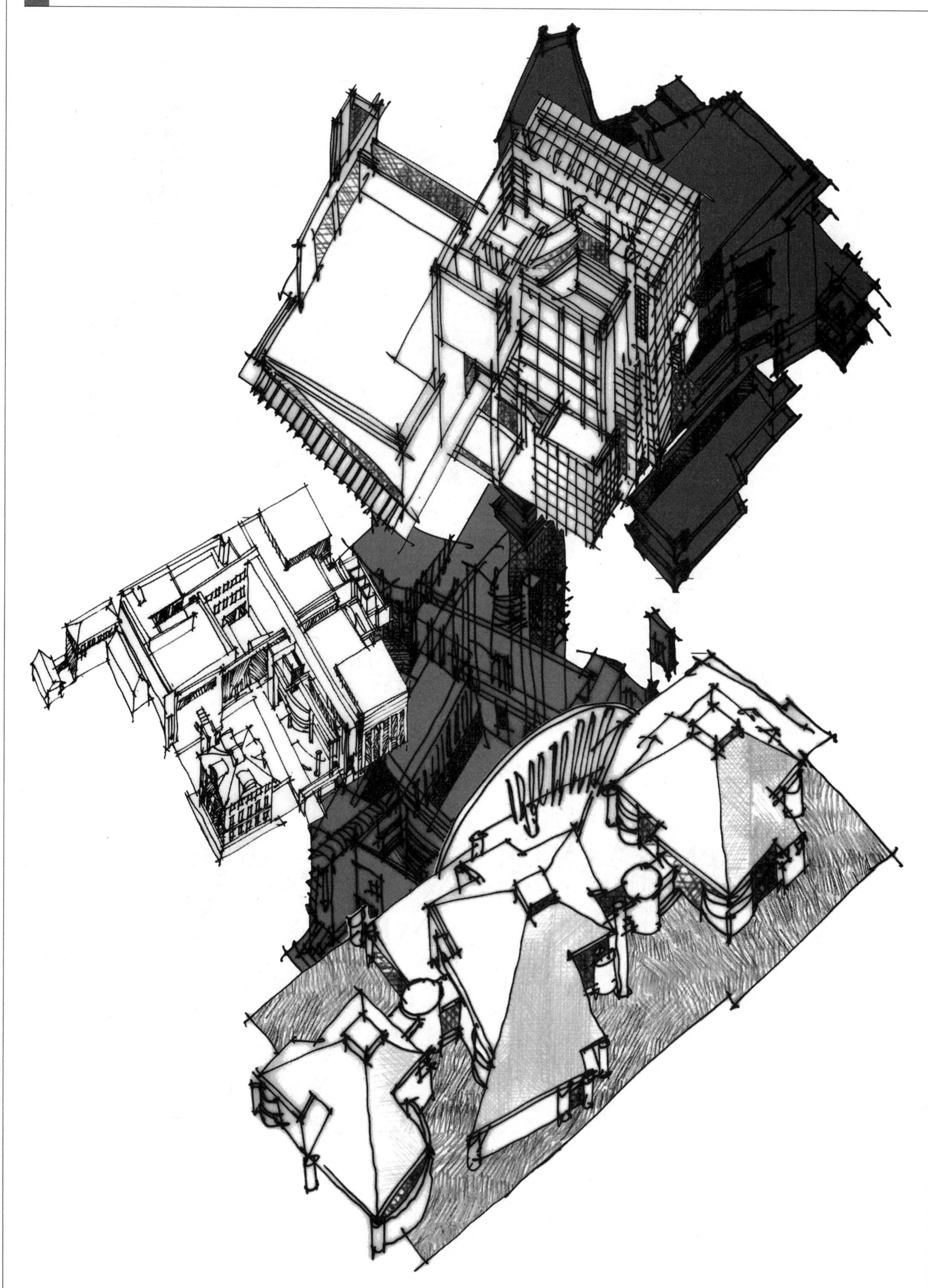

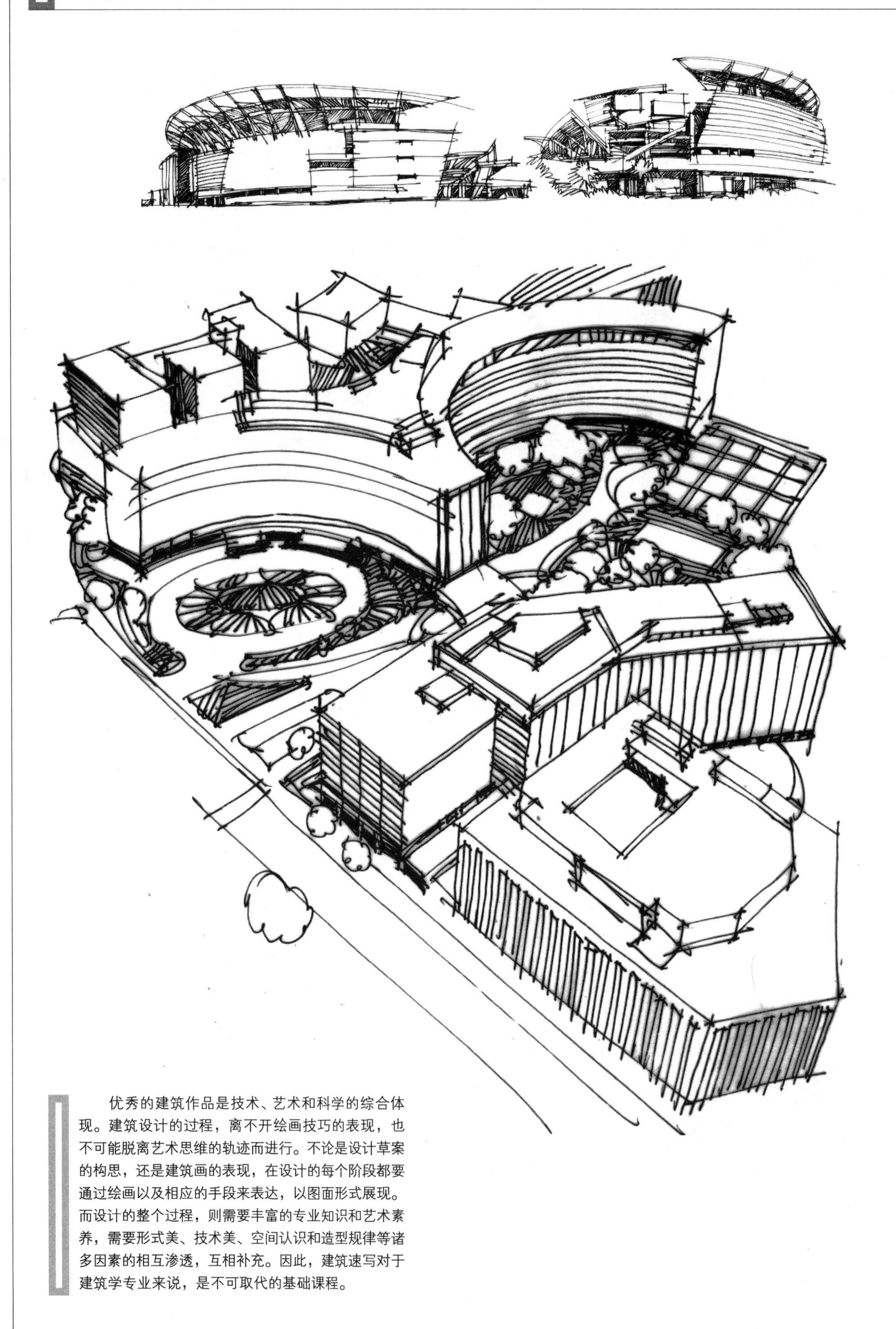

优秀的建筑作品是技术、艺术和科学的综合体现。建筑设计的过程，离不开绘画技巧的表现，也不可能脱离艺术思维的轨迹而进行。不论是设计草案的构思，还是建筑画的表现，在设计的每个阶段都要通过绘画以及相应的手段来表达，以图面形式展现。而设计的整个过程，则需要丰富的专业知识和艺术素养，需要形式美、技术美、空间认识和造型规律等诸多因素的相互渗透，互相补充。因此，建筑速写对于建筑学专业来说，是不可取代的基础课程。

建筑速写的学习与掌握，对于建筑设计师来说有着十分重要的意义。它不仅可以作为收集资料、造型训练和锻炼形象思维的一种手段，而且还为建筑设计师推敲和完善自己的创作和设计方案提供了一个重要途径。

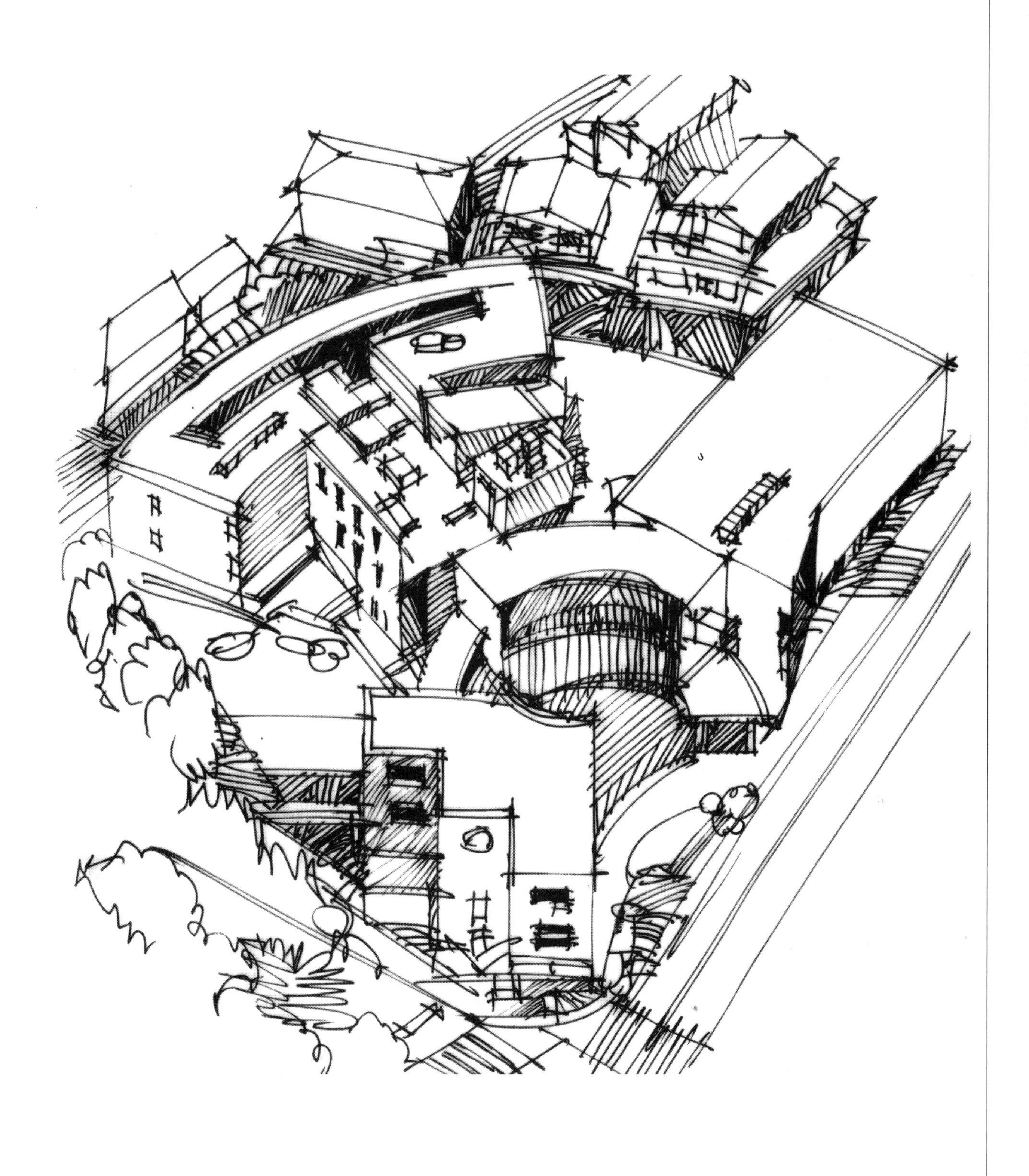

D 复杂造型

速写是建筑美术基础教学的主要环节之一。它首先被用来培养学生的绘画技能。要求用简洁的笔法，表现客观物象的形态、结构以及透视和比例关系。熟练地掌握空间造型能力和各种绘画技巧，即用线、面和线面结合的表现方法，准确地把握形态特征及体面关系。学会使用多种绘画工具，并掌握其特性和使用要领，对不同物象能够采用灵活、恰当的表现手法，充分发挥工具的作用，使绘画语言更加贴切、丰富。经过反复的实践、练习，进而达到胸有成竹、下笔果断的绘画水准。对于建筑速写，平时要多动笔，涉及的范围也应更广泛一些，对于工业产品的造型也应熟练掌握，这些造型对于建筑造型设计都有一定的启发作用。

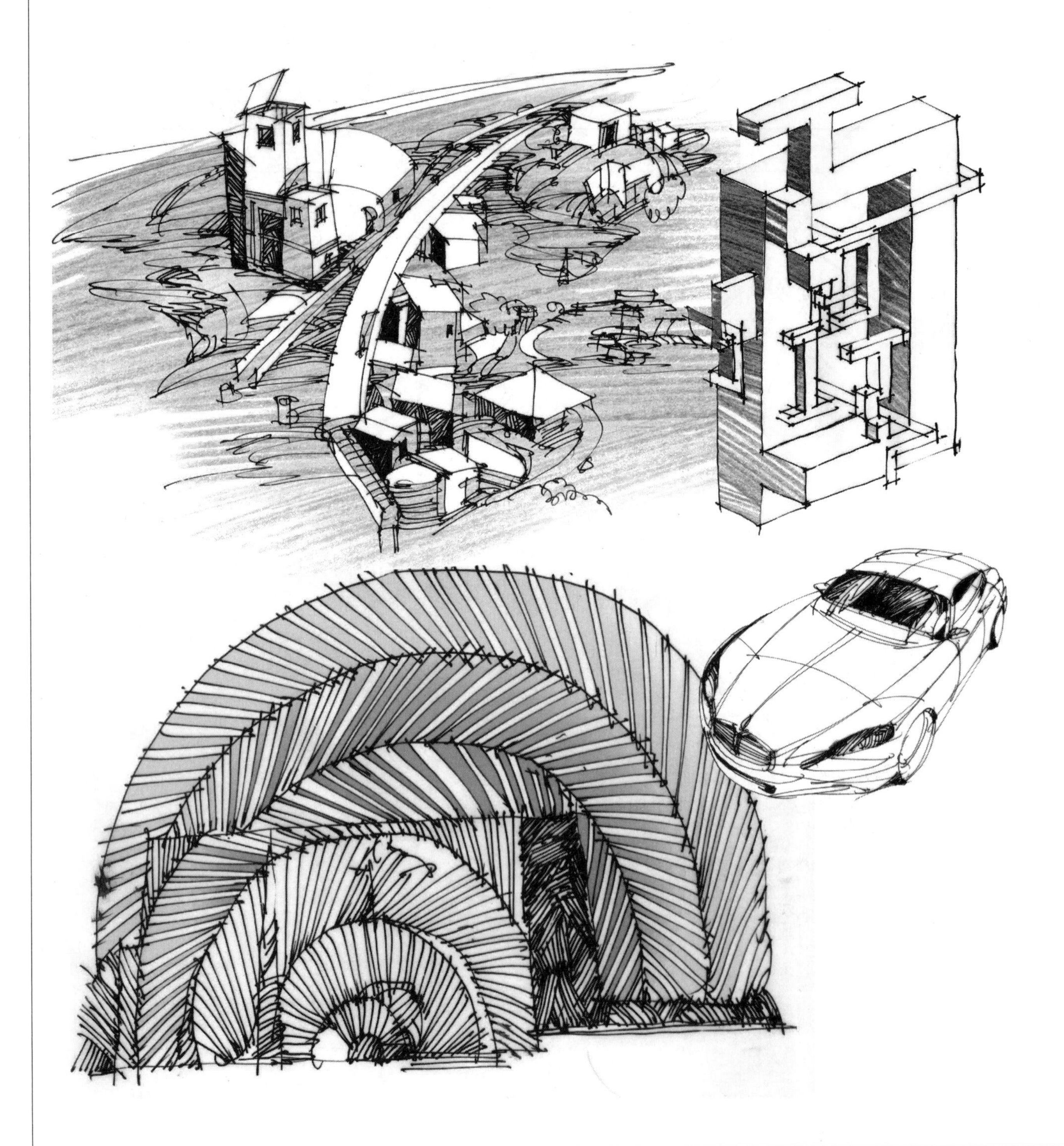

建筑速写会涉及社会中的方方面面，因此对一些工业产品进行手绘表现的重要性是不言而喻的。这往往是一种程序性的工作，只有通过长期训练才能够有深入的认识，包括技术性和艺术性的统一，并对手绘思维的观念培养有很大提升，从而在手绘表现上取得更大的进步。

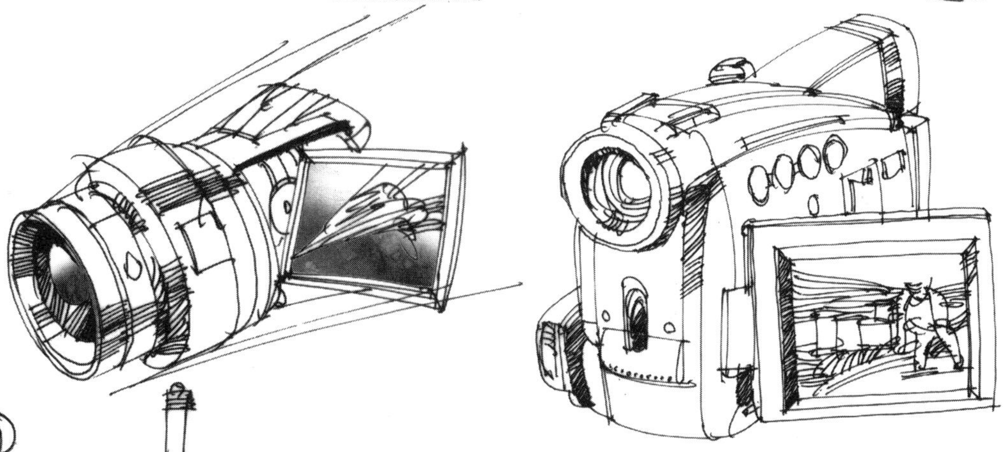

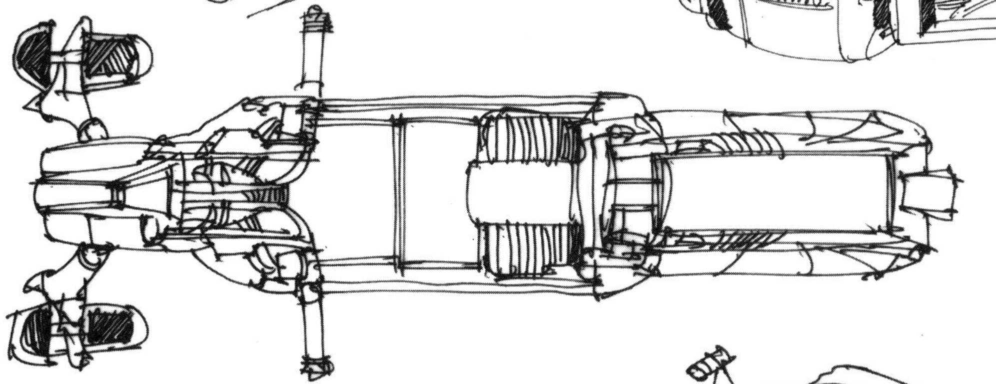

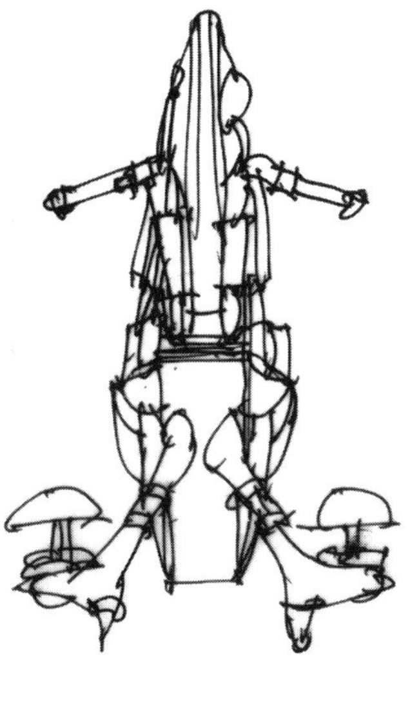

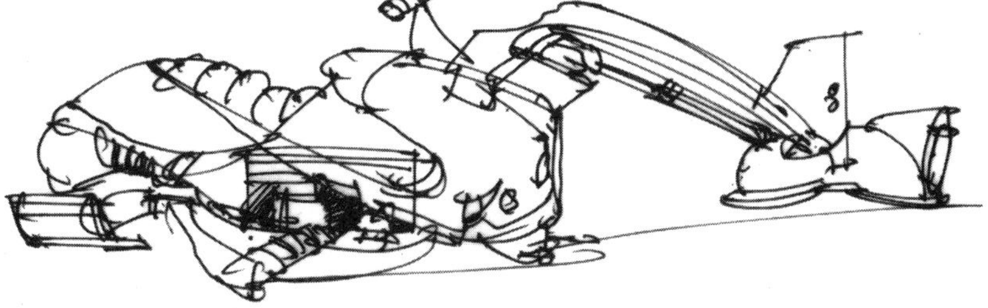

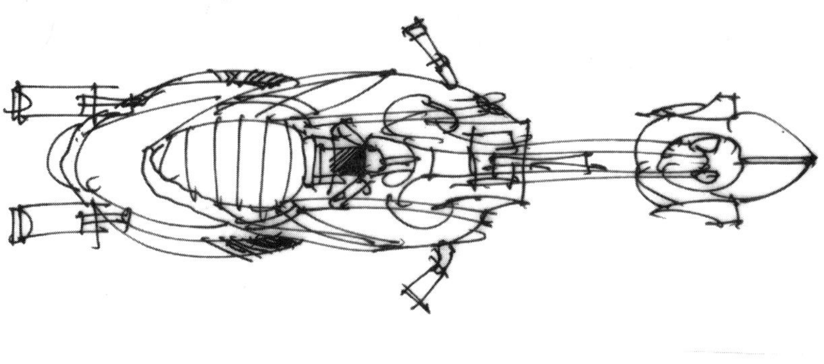

建筑速写需要描绘各个场景，对不同环境在画面上的控制与把握是建筑设计师必须要具备的。

对建筑速写的认识和掌握，需要一定的训练过程，不可能一挥而就。因此，作为初学者，要经常进行建筑速写练习，只有在不断写生、研究与总结的过程中，才能使眼、心、手有机地统一起来，体现出所知所感的意境来。

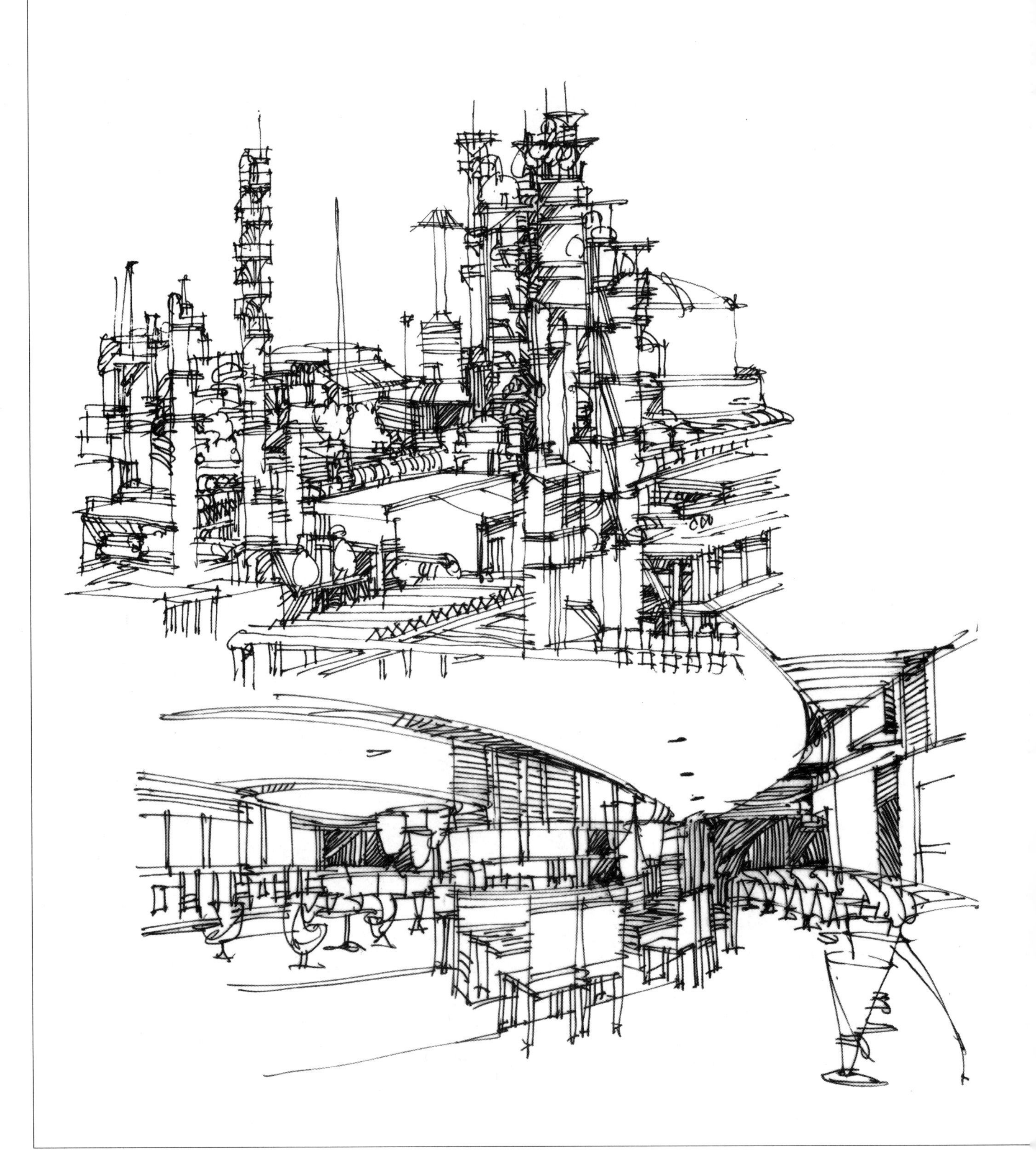

流线型物体的透视关系要比直线物体的复杂得多，描绘这种物体最好的办法是先把它理解为直线物体，然后再描绘它的实际造型。这样不必花费太多时间，就可以在短时间内收集到很多素材，为以后的设计与艺术创作奠定坚实的基础。各种优美的流线型概念车是练习曲线最好的道具。

石膏像和人物的描绘要比其他造型难一些，尤其是人物速写，不仅要考虑到造型的准确还要兼顾人物的精神状态，只有神形兼备才能称为一张好的人物速写。

画石膏像及人物速写，以线面结合的表现手法可以使画面更具立体感。尤其是要注重明暗交界线的处理，如果这部分处理得当，能够收到事半功倍的效果。

绘画技能和艺术素质的培养需要建筑设计师长期坚持不懈的学习和训练，需要对客观事物的认识和体验，需要在艺术领域进行多方面的探索。这是提高设计人员自身素质的重要因素，也是建筑师成功的重要途径。建筑速写经常会涉及人物配景、人物雕塑等，这就需要建筑设计师必须有扎实的造型基础才能够得心应手地描绘比较复杂的建筑场景。

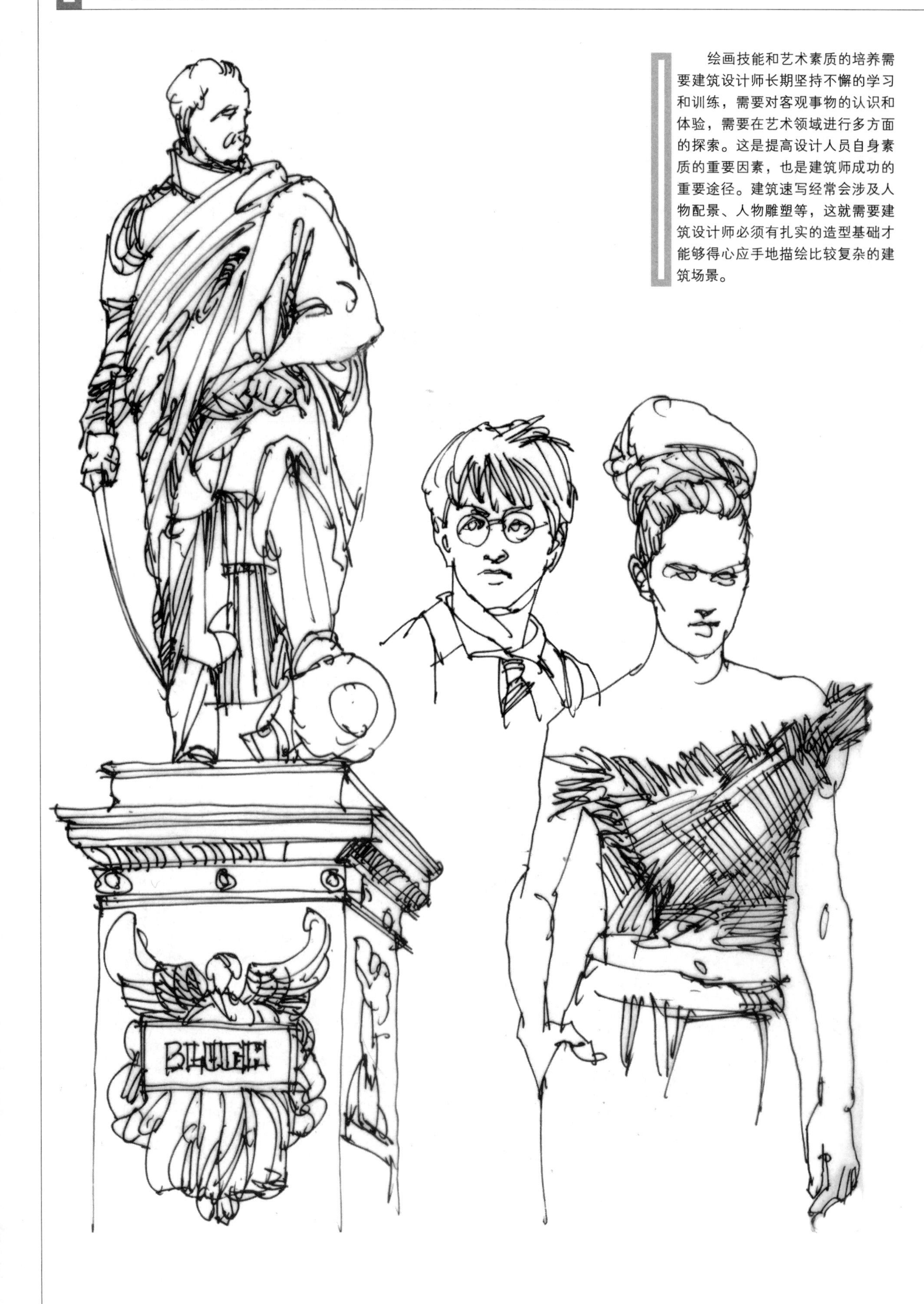

下图描绘的是西班牙马德里议会大厦前的主题雕塑。描绘这种场景需要作者有扎实的素描功底和造型能力。

画面描绘的是巴黎近郊凡尔赛镇上的雕塑与教堂。作者在画面的构图上注重轮廓线的节奏，人物雕像和教堂圆顶都得到了恰到好处的展现。

学习要点

透视对于建筑速写来说是至关重要的，一幅建筑速写不管有多么精彩的线条和细节，如果在透视方面出现问题，都将会使画面失去意义。当然，在建筑速写中并不要求也不可能做到每一根线都符合透视的规律，但是，我们必须在作画的时时刻刻心里都有透视这个概念，在大的透视关系上避免失误，能够根据实际场景把握视点的选择以及透视感的强弱。

建筑速写透视原理

进行室内外建筑速写创作时，都有一个绘图的技法、技能问题，透视是绘制建筑速写最重要的基础。就算有着高超的绘图技巧，如果在透视方面出了差错，那所完成的建筑速写是毫无意义的。因此，在探讨表现技法的实例之前，就得先对透视有充足的了解。绘制室内外建筑速写时必须掌握透视学的原理以及判断能力。一张好的建筑速写必须符合几何投影规律，较真实地反映特定的环境空间效果。如果我们假设在眼睛与物体之间设一块玻璃，把玻璃假设为画面，那么在玻璃上所反映的就是物体的透视图，这块玻璃距眼睛的远近就决定了物体在画面中的大小。透视图的基本原则有两点：一是近大远小，离视点越近的物体越大，反之越小；二是不平行于画面的平行线其透视交于一点，这在透视学上称为消失点。在进行建筑速写时，首先就要确定建筑物的透视轮廓，怎样画透视轮廓才能够做到既准确又快速简便呢？为了保证准确，首先必须使所画的轮廓线符合透视原理，但是，这并不是要求我们像做投影几何习题那样，对每一根线条不论是大轮廓或是细节，都必须用透视的原理去求，因为这样做太烦琐了。一幢建筑物即使规模不大，若对每一条线都这样去求，不仅太麻烦而且也没有必要，只要保证建筑物在大的轮廓和比例关系上基本符合透视作图的原理就可以了，至于细节，多半是用判断的方法来确定的，因而，在建筑速写的实际写生做画中，多是凭经验和感觉来画透视轮廓的。

A 一点透视

一点透视，也称平行透视。以立方体为例，也就是说我们是从正面去看它，这种透视具有以下特点：构成立方体的3组平行线，原来垂直的仍然保持垂直；原来水平的仍然保持水平；只有与画面垂直的那一组平行线的透视交于一点。而这一点应当在视平线上，这种透视关系叫一点透视。以一点透视进行建筑速写时，首先在画面适当的位置画一条水平线（视平线），然后再画一条垂直线，相交点作为灭点，从灭点画出多条放射线，这些线就是要画的建筑物的透视关系线，然后依据透视关系线画出建筑物。建筑物上面的所有与画面垂直的水平线的透视，都是按照从灭点放射的透视线来确定的。用一点透视法可以很好地表现出建筑的远近感和进深感，透视表现范围广，适合表现庄重、稳定的环境空间。不足之处是构图比较平板。一点透视常用来表现延伸的街道和宽阔的广场等，在室内场景中运用，更可营造出空间宽阔的感觉。

一点透视可以表现各种不同的建筑环境气氛，在空间布局上需要强调中轴线，而建筑本身又是体型对称，更适合采用；同时其也擅长表现层次较多的建筑空间，这也是两点透视所不能表达的效果。采用这种透视法画街景，可以表现深远的空间。一点透视的特点在于能够表现两组主要立面的比例关系。但如果处理不好，画面也可能显得呆板，且建筑物亦不能具备较明确的体积感。

一点透视消失点位置的选择极为重要，因为消失点决定了画面上所有透视线的方向。衡量建筑速写构图好坏的重要标准就是看所要表达主题建筑的主要立面是否能够得到充分的展现。下图描绘的是西班牙中北部城市萨拉戈萨市中心主教堂景观，主教堂的风格是带有明显西班牙地域特点的巴洛克式建筑，塔顶林立，气势磅礴，画面中主教堂正立面得到了充分的展现。主教堂周边还有一系列古典建筑，在这个富有古典氛围的环境中加入了一排造型简洁有力、挺拔高大的钢结构灯柱，灯柱上部是组合泛光灯，与古典建筑群形成强烈对比，极具现代气息。

B 两点透视

仍以立方体为例，我们不是从正面去看它，而是把它旋转一个角度去，这时除了垂直于地面的那一组平行线仍然保持垂直外，其他两组纵深平行线的透视分别消失于画面的左右两侧，因而产生两个消失点，而这两个点都应当在视平线上，这就是两点透视，也称成角透视。以两点透视画建筑速写，画面生动，透视表现直观、自然，接近人的实际感觉，角度选择要十分讲究，否则容易产生变形。

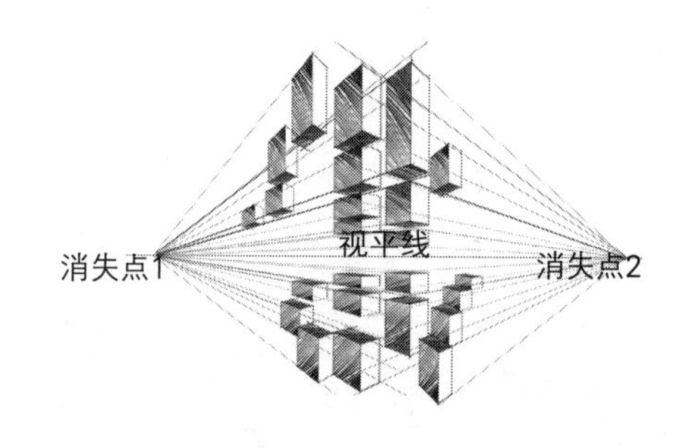

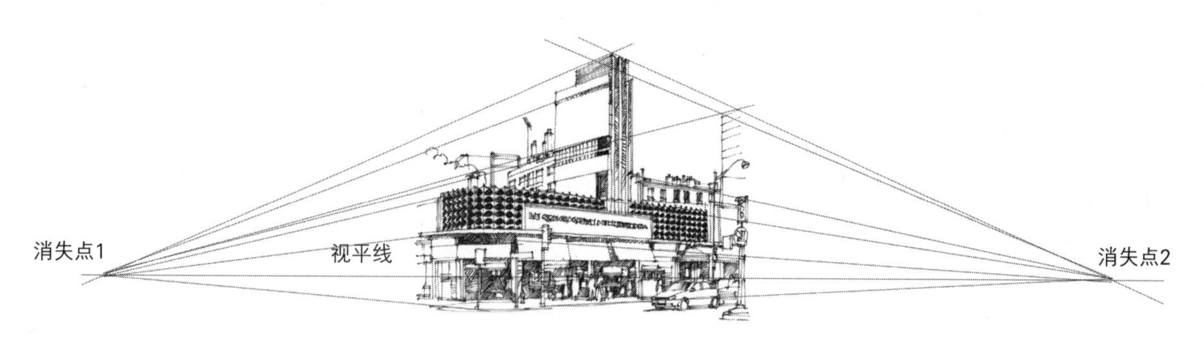

两点透视的特点是可以看到建筑的两个面，用这种角度画出的建筑，体积感比较强。它的构图优劣，与一点透视一样，均取决于消失点位置的选择，它也同样要求避免建筑外形轮廓线坡度一致而引起的单调感。透视消失点应距建筑一远一近，差别大时，透视线坡度的对比就可加强，形象较为美观，建筑上的两个面就因此有了显著的大小差别，可以分清主次关系。两个消失点之间的距离，至少需在建筑物沿视平线方向展开长度的2倍以上。

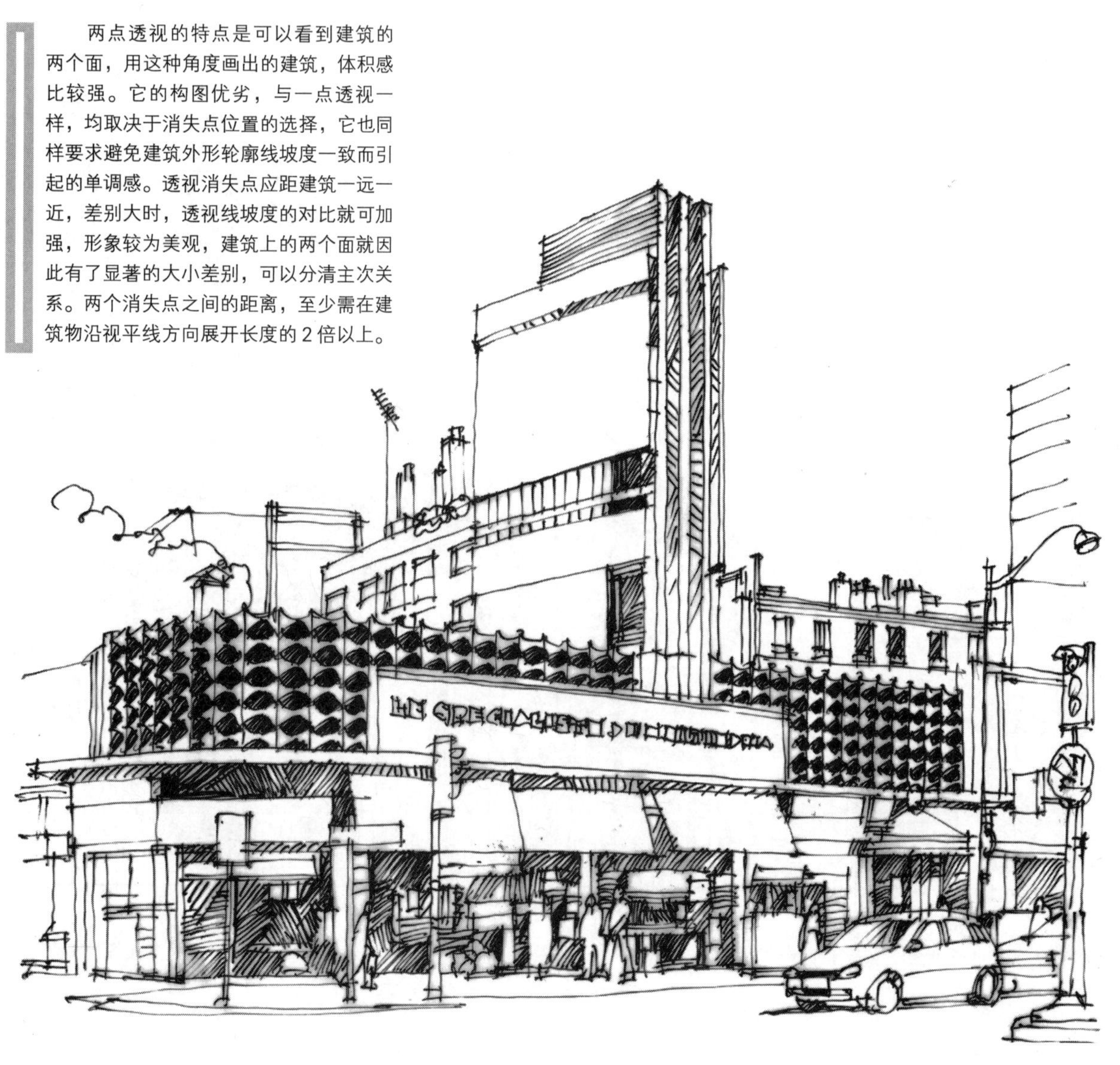

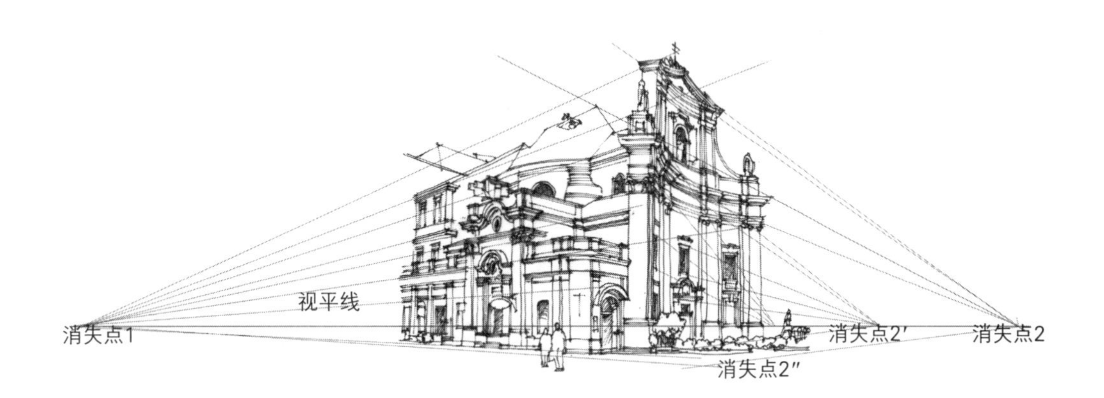

运用两点透视来描绘一个建筑物，如果这个建筑物的平面是矩形或转折关系都是90度的话，那么通常在建筑物的两边出现两个消失点。如果这个建筑物的平面是不规则形状或呈现多种转折关系，那么有几个转折就有几个消失点，而所有的消失点都应在视平线上。

两点透视也常用于室内的表现图。一般来说，这种表现图比起一点透视要显得活泼一些。

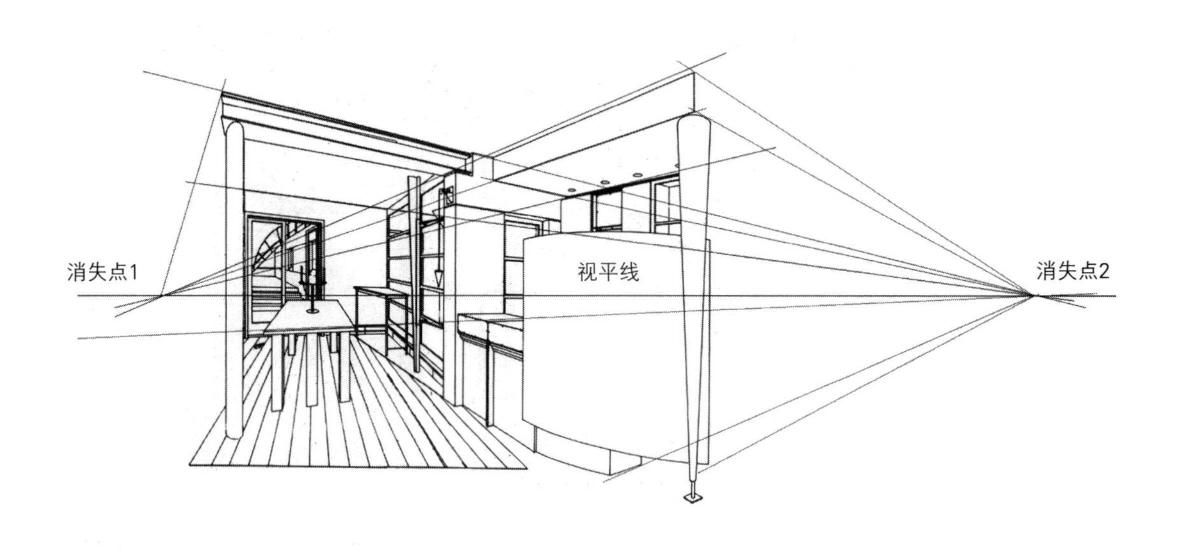

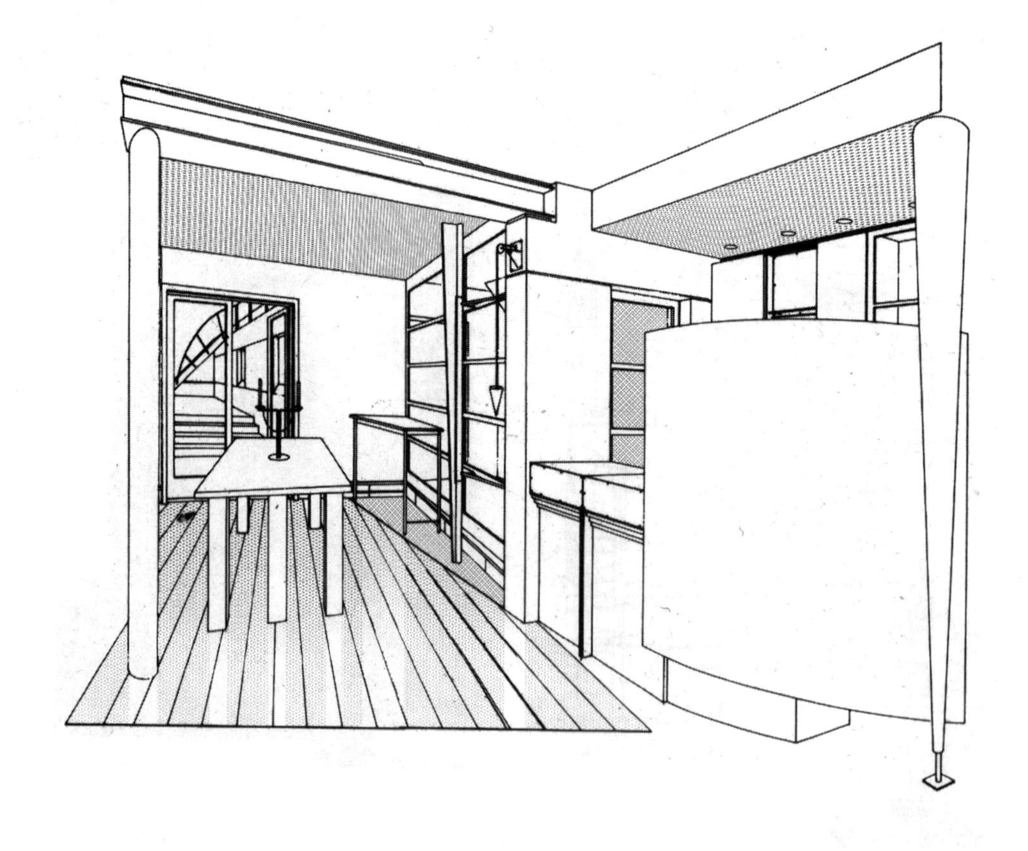

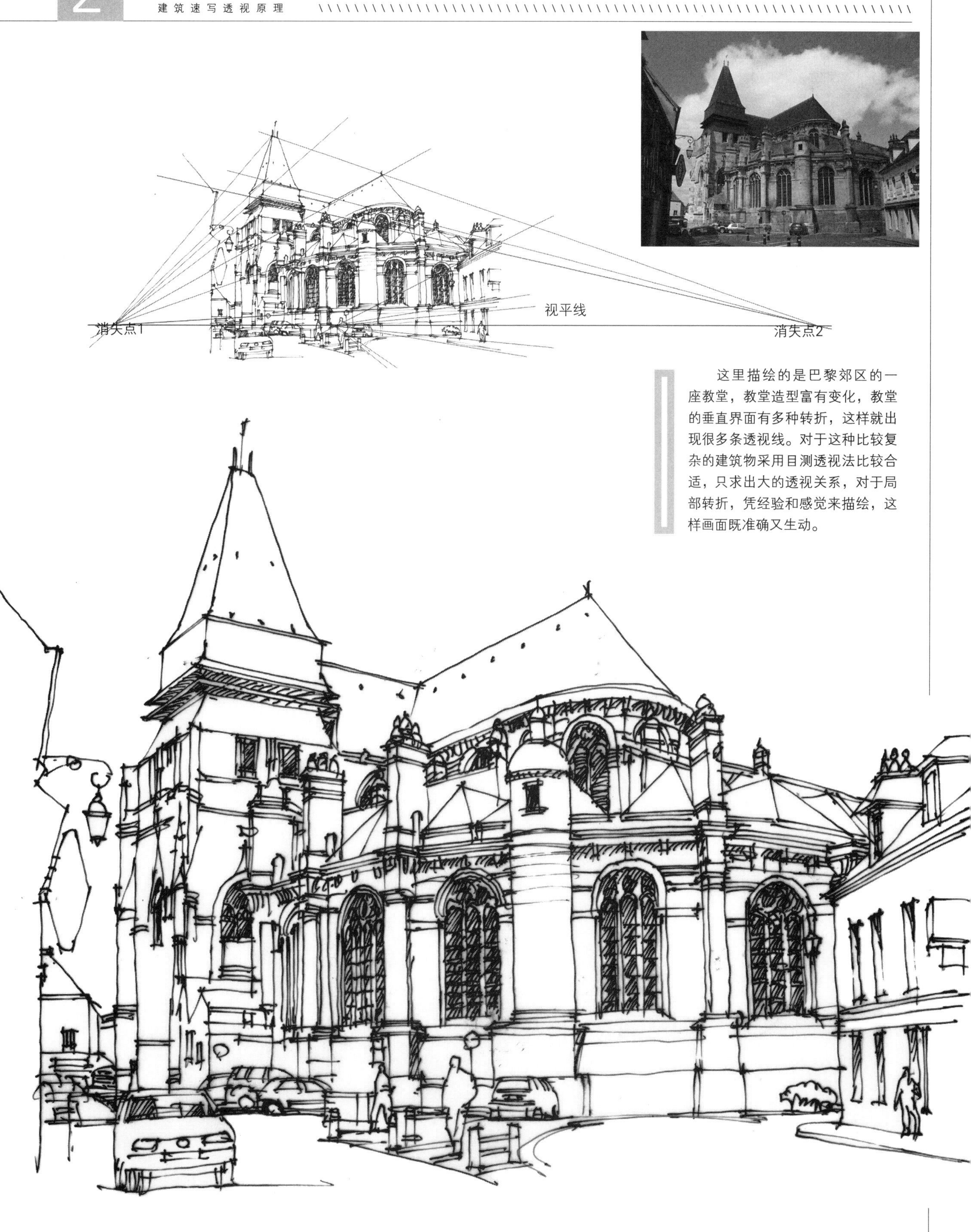

这里描绘的是巴黎郊区的一座教堂，教堂造型富有变化，教堂的垂直界面有多种转折，这样就出现很多条透视线。对于这种比较复杂的建筑物采用目测透视法比较合适，只求出大的透视关系，对于局部转折，凭经验和感觉来描绘，这样画面既准确又生动。

C 三点透视

仍以立方体为例，如果立方体的3组平面与画面都成角度，3组线消失于3个消失点，那么即为三点透视，也称斜角透视。在环境的上部看物体呈俯视状，在环境的下部向上看物体呈仰视状，用这些方法观察出来的效果，称俯视图或仰视图。由于透视的缘故，三点透视多用于高层建筑仰视图和较大场景的鸟瞰图透视，主要用于表现城市环境的广阔及高楼大厦的宏伟所产生的特殊效果。

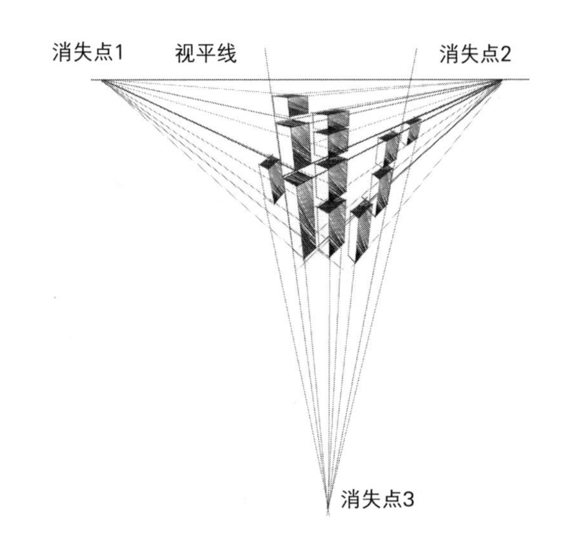

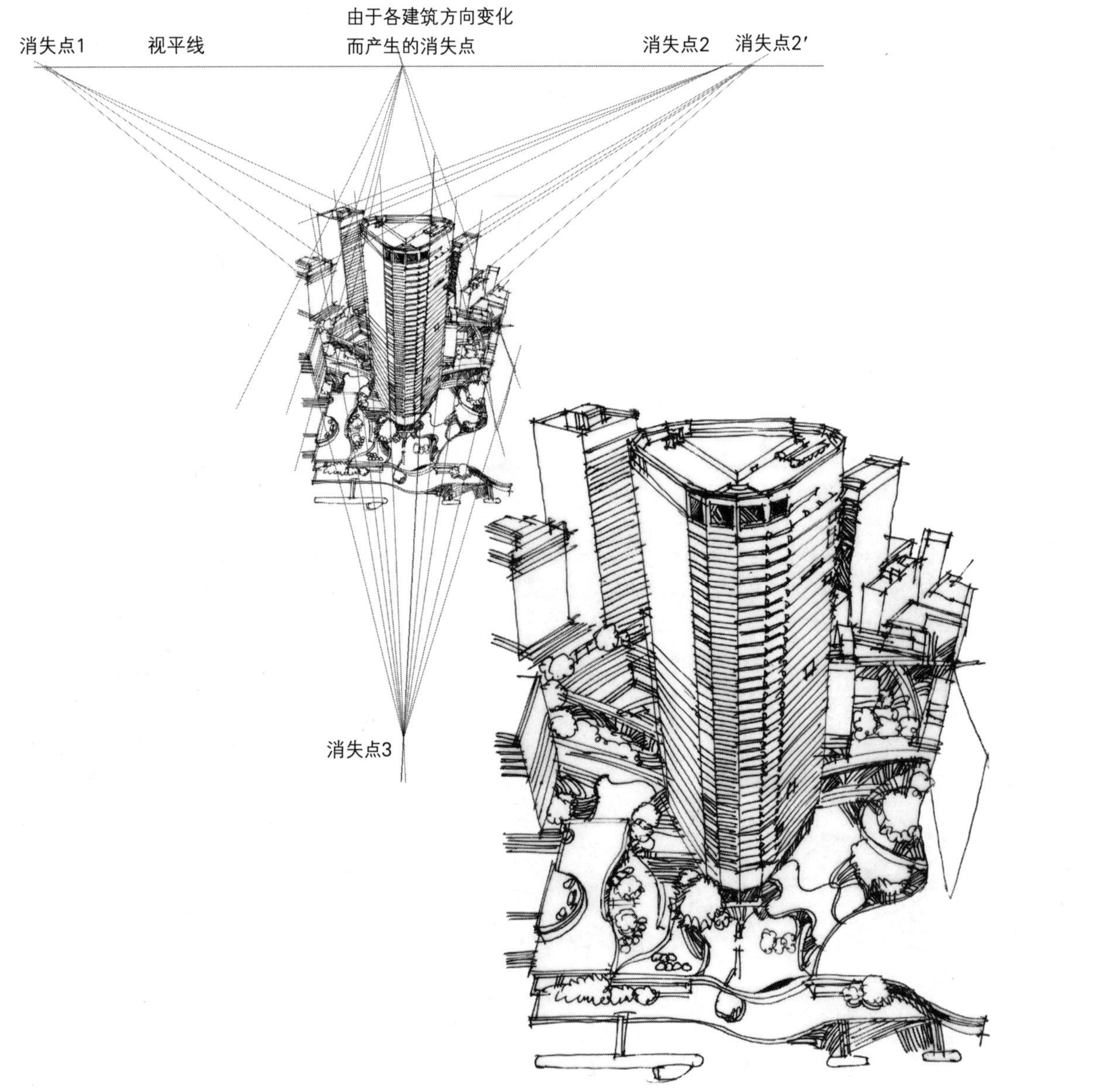

建筑绘画艺术要求在二维空间的平面上表现三维空间的立体感，所以，透视规律在画面构图上的运用起着决定性的作用。三点透视法用于建筑物的仰视图，有助于表现建筑物高耸、挺拔的感觉。

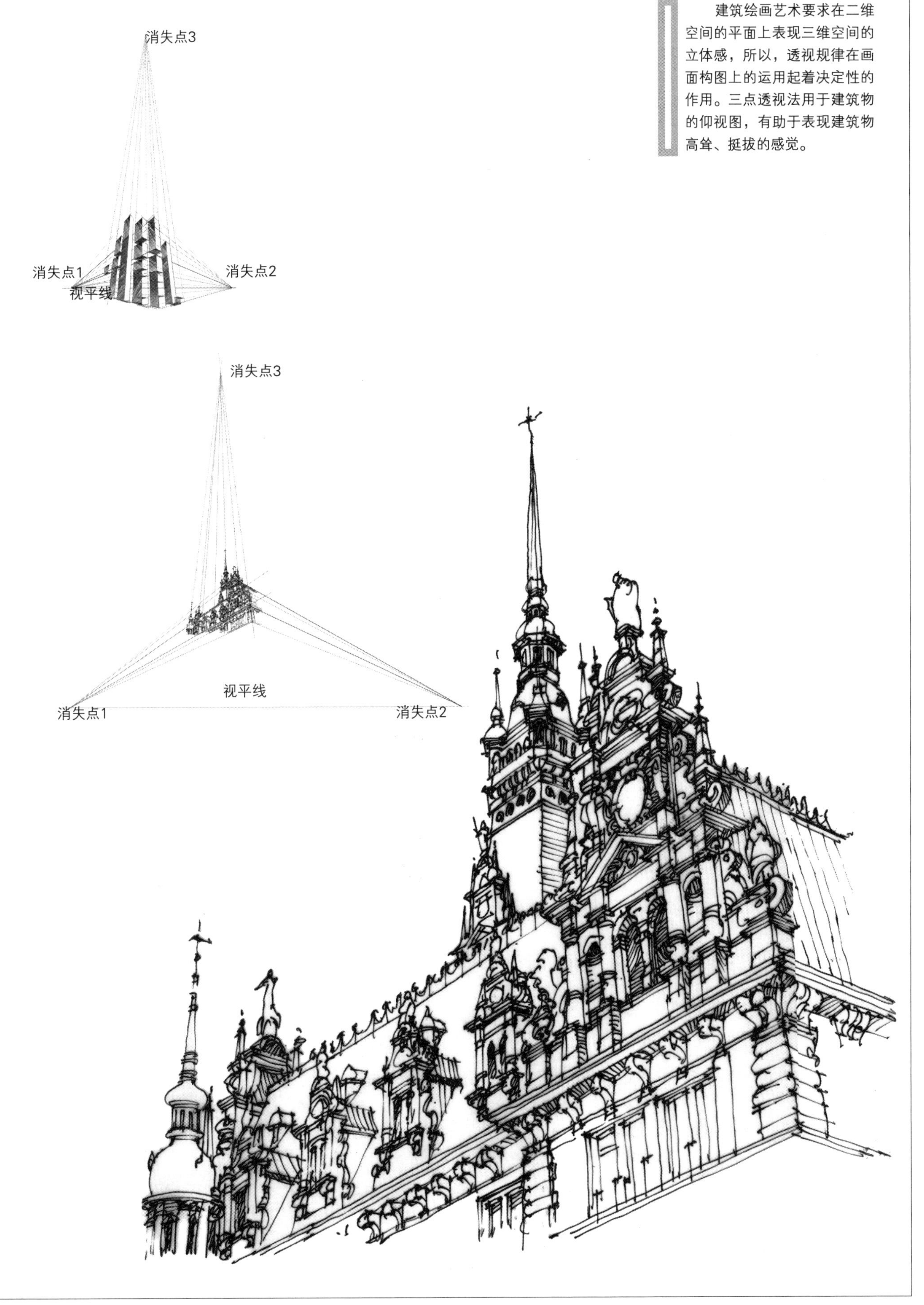

以三点透视方法表现的德国柏林威廉二世教堂。教堂保留了在第二次世界大战中被炸毁的残骸，只是在旁边新建了八角形的洗礼堂和钟塔，形成了这一独特的景观，时刻在警示着人们不要忘记那段历史。

以三点透视方法描绘的哥特式教堂，能够表现宗教建筑崇高、神秘的感觉。画面采用线面结合的素描画法，构图庄重、稳定，把这一古典建筑的钟楼、横向券廊、玫瑰窗和尖券组成的正门和边门表现得淋漓尽致。

D 圆形透视

圆形透视是透视图上常见的方法，如表现圆桌、拱形窗与门、圆柱等。可以用外切正方形来确定圆的透视。当圆形物体与画面不平行时因透视关系而形成椭圆形，可以首先求出外切正方形的透视，然后用曲线连接各个切点，就求出了圆的透视。角度不同的圆通过此方法均可以被求出。

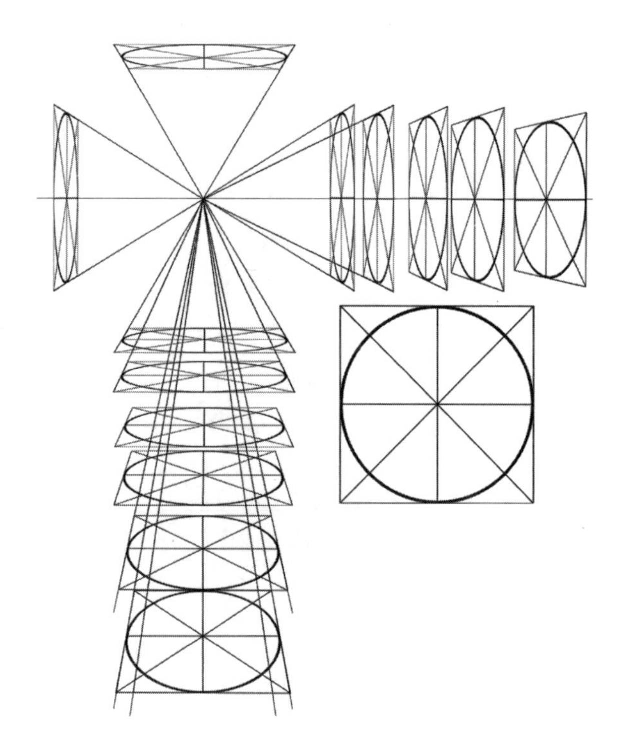

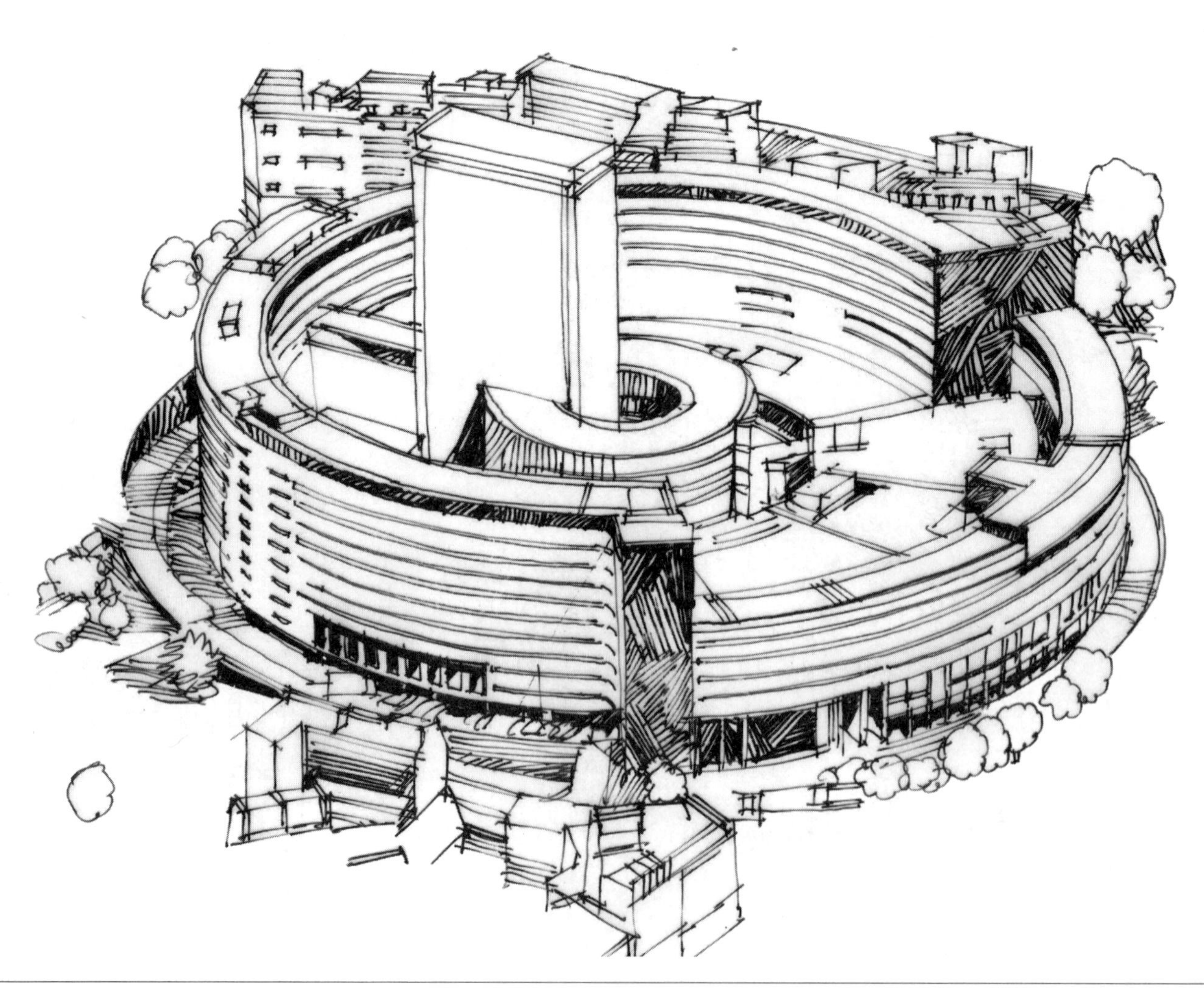

画面采用了细密的短线条，排列有序。主题景观雕塑在茂密的背景线条衬托下更加醒目突出；同时，作者还巧妙地运用了阴影的处理手法，使背景圆形建筑物有了立体感，丰富了画面内容。

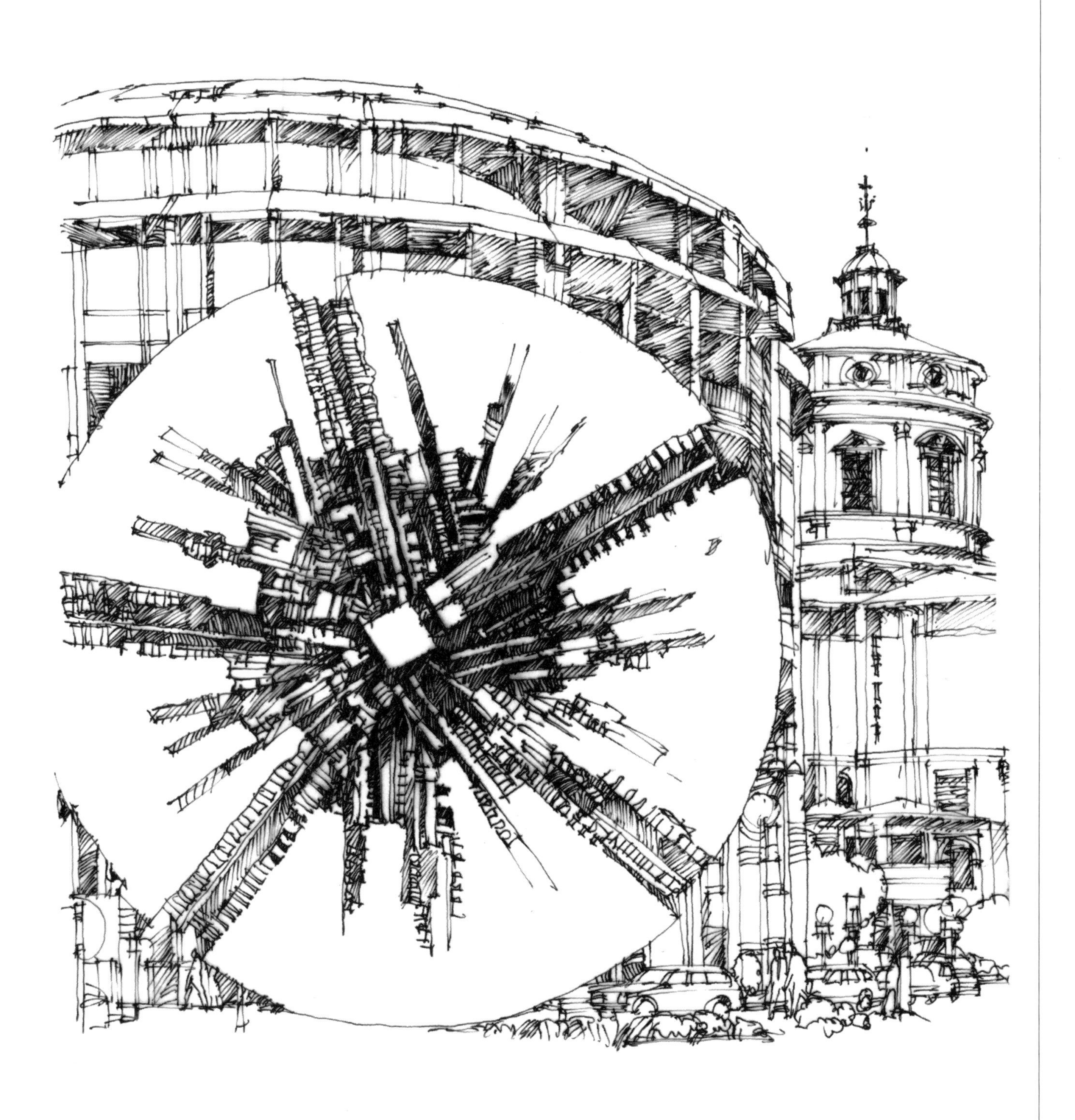

人物在画面中的大小、高低与视平线有直接的关系，如果画者站在地上描绘场景，那么不管人物的远近和大小，所有在这个地面上的人物的眼睛大约就在这个视平线上。同样，如果画者坐在地上描绘场景，那么不管人物的远近和大小，所有在这个地面上的人物的膝盖大约就在这个视平线上。如果画者站在较高的地方描绘场景，那么不管人物的远近和大小，所有在这个地面上的人物距离视平线都是同样的比例。

在画有人物和车辆的场景中要注意人物和车辆的比例关系，一般来说，人物的头部和车的顶部客观上处在同一水平面上，应随着视平线的高低变化来调整它们的高差。

垂直构图是一种常见的构图形式，经常用于纪念碑式形态和古典教堂建筑的表现。这种形式往往给人以很大的情感距离，因为它具有崇高、宁静、肃穆的感觉。在作画过程中，有时为了强化这种画面效果，有意识地把视平线画得很低，或者用横直线来衬托它的垂直、庄严、高大，赋予画面独特的魅力。

学习要点

在建筑速写中，首先要面对的就是选景与构图。作者在选择景物时，应首先考虑能够打动自己的景物。面对同一建筑，由于各人选择的切入点与表现方法的不同，会产生相异的画面效果。另外，为了满足速写作品构图时的需要，可以将实际生活中无法变动的景物作出相应的位置改变。要想使作品尽善尽美，就要在作画时渗入自己的主观意识与感情，这样才能主题明确、内容完整。同时，任何选景都应遵循画面完整性和独立性的原则，方可使之产生生动活泼的画面效果。

建筑速写构图规律

构图，是指画面的组织形式，即把观察到的绘画内容在画面中和谐统一地体现出来。它的基本要求是：无论是精炼概括的建筑速写，还是细致入微的建筑速写，最终要达到画面的完整。也就是说，内容明确，主题性强，主次分明，全面展示其艺术韵味。当我们置身于城市环境中时，会触发写生的冲动，但是面对繁杂喧嚣的都市景色，往往无从着手，这是初学者首先遇到的问题。如何来选景和取景？不妨在景物中多感受一下，从不同角度观察对象，有了总的立意后，再确定所要表现的内容。一般情况下，首先确立主体，然后根据主体来丰富画面的内容。在选景和取景中会发现许多不尽人意的地方，那就要发挥我们的主观能动性，以景物为素材，根据主观意识进行必要的取舍，使画面更加鲜明地体现此时此景的风貌。面对同一处景色，不同的作画者，由于选择的景物和表现方法相异，会产生不同的画面效果。这与每个作画者对景物的心理感受和欣赏习惯有关，从一定侧面也反映了艺术个性特点。但值得注意的是，无论怎么选景都要符合视觉审美的需要，符合绘画的基本要求。所以，在建筑速写过程中，可以对景物进行适当的裁剪和取舍，使画面的内容更丰富、更充实。

A 构图原理

建筑速写的每一个题材，不论是宏伟辉煌的宫殿、大厦，还是朴实无华的民宅、祠堂，都包含着视觉美点。当我们观察生活中具体场景的时候，应该撇开它们的一般特征，而把它们看作是形态、线条、质地、明暗、颜色和立体物的结合体，运用各种造型手段，在画面上生动、鲜明地表现出被画物体的形状、动感、立体感和空间关系，使之符合人们的视觉规律。也就是说，构图要具有审美性。正像罗丹所说的“美是到处都有的，对于我们的眼睛，不是缺少美，而是缺少发现美。”构图的目的就是把构思中典型化了的建筑或景物加以强调、突出，从而舍弃那些一般的、表面的、繁琐的、次要的东西，并恰当地选择环境，安排配景，在有限的画面上对所表现的形象进行组织安排，在画面当中获得最佳布局，形成画面的特定结构，实现作者的表现意图，使作品比现实生活更强烈、更完善、更集中、更典型、更理想，更具有艺术效果。

为了方便取景，我们可张开双手的拇指和食指反向合围构成一个长方形来选景，也可以用卡纸制成“取景框”来取景。运用时注意眼睛与取景框的距离，可前后、上下、左右移动取景框，一旦获得较满意的构图，就可以选定作画了。

一幅画，无论表达的是宁静的感觉，还是流动的感觉，都要使画面均衡。所以在构图上，景物位置的主次，线条表现的疏密，都要和谐统一，尽可能避免顾此失彼的现象。左图中的各粗线黑框我们可以理解为取景框。

B 构图取景

构图取景是画建筑速写必须掌握的基本功，当我们面对现实场景写生时，首先遇到的是选择景物的哪一部分，然后是怎样安排构图，使画面能充分有力地体现自己的意图，产生艺术感染力，这就是构图取景的主要内容。一幅画是否完整统一，在很大程度上取决于画面的构图，建筑速写也是这样。所谓画面构图，简单地讲就是如何组织好画面，例如一幅写生画，当我们选择好主题之后，从什么角度去看？采用竖向的构图还是横向的构图？画面的容量应当大一些还是小一些？对象在画面中应当放在什么位置上？这些都和要表现的主题有密切的联系。大自然永远不会给你一幅“完美无缺”的画面，如果毫无目的地见什么画什么，绝不能画出好作品。任何艺术作品都有如何表现主题，主题所含的内容能否顺畅地反映到观者面前，并能引起观者共鸣的问题。因此，面对景物，我们应将最能吸引注意力的主题建筑安置在最突出的位置，一切配景尽起烘托作用。从属物相应错落有致，关联呼应，使观者对主从关系一目了然。通过眼、手、脑的统一协调工作，合理地安排构图，运用建筑速写中特有的技巧，并利用透视效果等因素予以表现，就会产生完美的画面。

如何选择令人满意的角度，把环境的各种素材组织到画面中，并体现出建筑的风采，体现作者的情感轨迹和审美趣味，是建筑速写技法中非常重要的课题。对此要精心地加以研究和分析，因为它将影响一幅画的成败。

为了使构图更富有层次感，可以把建筑速写中的景物分为近景、中景、远景，这样便于把握画面的整体感觉。通常画面的主体被安排在中景上，以主体协调近景与远景的关系，从而让主体的形象更突出、更鲜明、更引人入胜。

C 视觉焦点

每一幅建筑速写都应该有自己的视觉焦点，视觉焦点往往是画面的主体建筑或是主体建筑的最精彩部分。作为观者第一直观部分，其描绘的成功与否直接影响着整个画面的效果。因此我们在确定视觉焦点后，应该认真地权衡它与环境和其他建筑物的关系，既不应过分、刻意的凸显，也不应等同于其他部分。在建筑速写中，为了突出主体建筑的需要而在画面上留有一定的空白是一种常用的手法。要使主体醒目，具有视觉的冲击力，避免视觉焦点与其他物体重叠，可将主体建筑安排在单一色调的背景所形成的空白处。因为，人们对主体建筑的欣赏是需要空间的。一件精美的艺术品，如果将它置于一堆杂乱的物体之中，就很难欣赏到它的美。只有在它周围留有一定的空间，精美的艺术品才会释放出它的艺术光芒。

这里描绘的是比利时古城根特市中心的场景，画面有自己的视觉焦点。这个宏大的场景经过裁剪以后形成各个独立的画面，它们同样有各自的视觉焦点。

视觉焦点是构图的中心，其牵动着画面各个关系。首先要安排它的位置和明暗关系，然后再放置次要内容与其相协调。主次关系的处理是否适宜，直接影响到画面的效果。

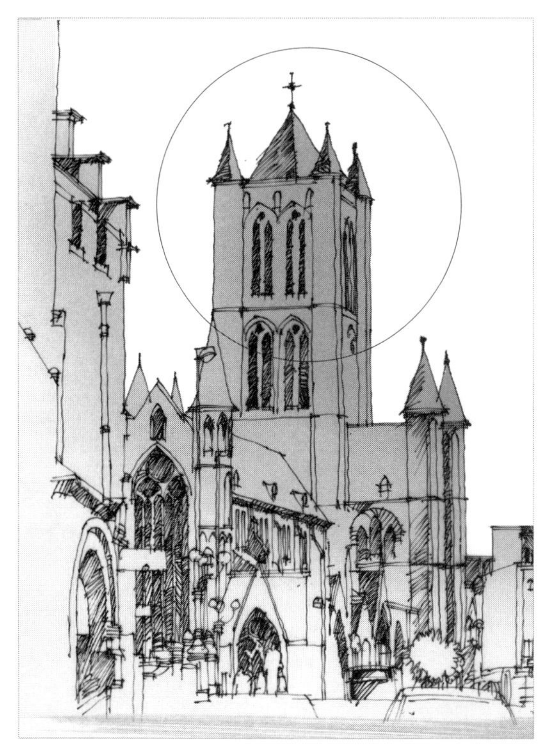

意大利文艺复兴发源地佛罗伦萨的主教堂及钟塔组成了整个城市优美的轮廓线。

教堂与钟塔同时出现在一个画面里，画面显得宏伟、开阔，即便把它们分为两个画面也同样能形成饱满的构图。

D 构图形式

对建筑速写构图的研究，实际上就是对形式美在建筑速写中具体结构的呈现方式的研究，需要研究以表象形式结构在建筑速写画面上形成美的形式表现。诚然，经典的表现形式结构，是历代艺术家通过实践用科学的方法总结出来的经验，符合人们共有的视觉审美习惯，遵循人们所接受的形式美的法则，是审美实践的结晶。形式美表现形式是多种多样的。吸收前人的经验对建筑速写的形式表现将产生积极的作用。然而，表现形式不是绝对的，它只能为建筑速写提供帮助与参考。应针对不同的具体内容采用不同的构图形式，切忌生搬硬套。

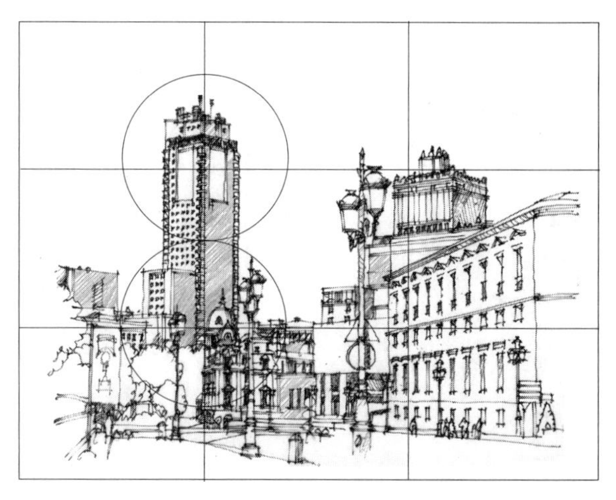

九宫格构图,将视觉焦点或主体建筑放在“九宫格”交叉点的位置上。“井”字的4个交叉点就是主体的最佳位置。一般认为，左上方的交叉点最为理想，其次为右下方的交叉点。但也不是一成不变的。这种构图格式较为符合人们的视觉习惯，使主体建筑自然成为视觉中心，具有突出重点并使画面趋向均衡的特点。

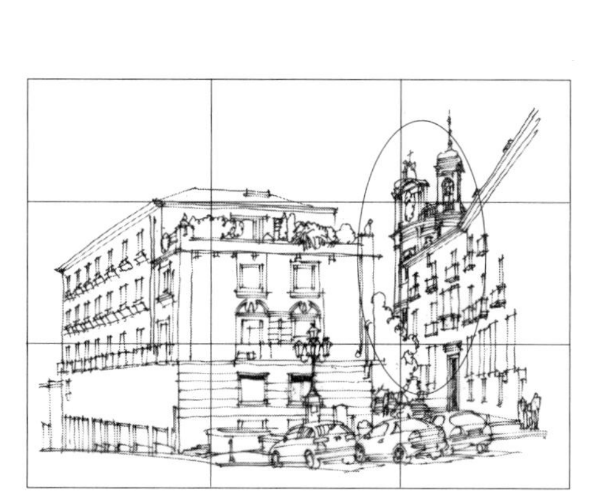

九宫格构图实际上属于黄金分割式的一种形式。就是把画面平均分成9块，用中心块上4个角任意一点的位置来安排主体位置。实际上这几个点都符合“黄金分割定律”，是最佳的位置，当然还应考虑平衡、对比等因素。以这种构图形式描绘的西班牙马德里街景，画面富有活力和韵律。

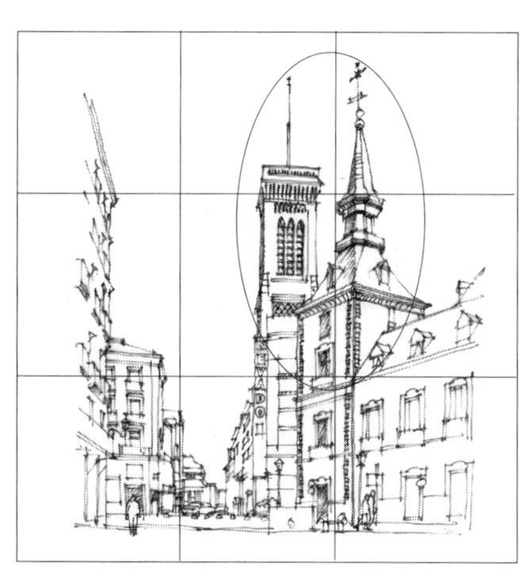

三角形构图，是以三点成一面的几何关系安排景物的位置，形成一个稳定的三角形。这种三角形可以是正三角，也可以是斜三角或倒三角。其中斜三角形较为常用，不等边的三角形构图，在平稳之中还具有流动、活泼的气息。下图描绘的是德国北部城市吕贝克街景。画面正三角形构图给人稳定的感觉，画面的视觉焦点基本上位于画面的中间位置，由于受到强有力的两条斜线的牵引，我们不会感觉画面构图呆板。

A字形构图，以A字形的形式来安排画面的构图结构。A字形构图具有极强的稳定感，具有向上的冲击力和强劲的视觉引导力，可表现高大建筑物或自身所存在的这种形态。如果把重点表现对象放在A字顶端处，则具有强制性的视觉引导，人们不想注意这个点都不行。在A字形构图中不同倾斜角度的变化，可产生画面不同的动感效果，而且形式新颖、主体指向鲜明。下图描绘的是丹麦哥本哈根市中心街景，作者运用A字形构图形式，依靠线条的粗细、浓淡、虚实、刚柔的不同变化，很好地再现了现实场景。

均衡式构图,要使画面均衡，形成均衡式构图，关键是要选好均衡点。只要位置恰当，小的物体可以均衡大的物体，远的物体可均衡近的物体，动的物体可均衡静的物体，高的景物同样可均衡低的景物。多加学习和实践，就能灵活掌握构图形式，用好这种艺术技巧。构图形式的多样性，也反映了艺术表现形式的多样化，没有绝对的标准可以衡量。每个作画者可以根据不同的实地感受，来确定其基本的构图形式。

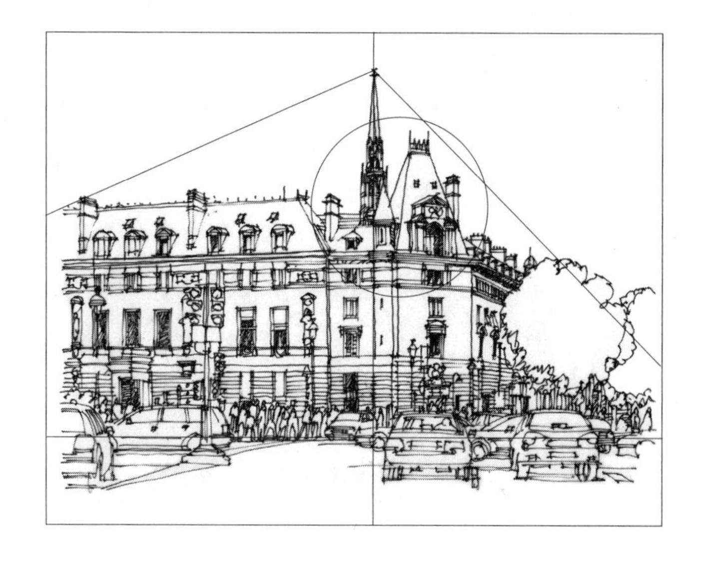

学习要点

在正式绘制建筑速写前，可以先勾勒几张草稿，选择最佳的构图形式，再开始作画。面对要表现的对象，首先用铅笔打稿，注意各形体的透视、比例、结构与形态等组合关系，然后，再进行细部刻画。进行细部刻画时，铅笔线不宜过于细致，局部的处理要根据画面需求进行相应的调整。在这些工作完成以后，将所画内容用实线塑造起来，对于画面的焦点部分，实线的刻画可以更加有力、肯定，自然形成视觉中心。

建筑速写绘图步骤

有人提出画建筑速写时无须先用铅笔勾画轮廓，主张直接用钢笔在白纸上一挥而就，能有如此本领当然很好，因为这样画出的作品，感觉奔放、生动、自然，甚至可能还有不少神来之笔。但是，对于初学者来说，由于造型能力有限、技法不够熟练和缺乏经验，如此写生很容易失败。特别是建筑物及空间的透视线条有着很强的规律性和方向性，假若信手画歪了几根，画面将会不和谐，甚至产生近小远大的错误，感觉必然别扭而不真实。假如使用钢笔或马克笔等，落笔生根，不能修改，到时也许会出现不可收拾的窘境而导致前功尽弃，初学者自信心也会受到影响。因此，对于初学者来说，还是先用铅笔勾画轮廓后再逐步深入进行为好。

A 立意先行

美国摄影家L.小雅各希斯认为:“构图是从摄影者的心灵的眼睛做起的。构图的过程也被称为‘预见’，就是在未拍摄某一物体之前或正在拍摄的时候，就能在脑海中形成一个图像。通过经常分析自己和别人的作品的构图，就会使自己的这种预见本领更加娴熟，变成一种本能。”建筑速写构图和摄影构图艺术规律完全一样。所谓立意先行，顾名思义是意念先于动作。在画建筑速写之前，所画之物在作者脑海中就已经形成了大体情况。这一过程是作画前重要的准备阶段，它往往决定了画面的视觉焦点、构图取景等因素，进而影响画面的整体效果。要想完成一幅优秀的建筑速写作品，就要对建筑及环境有敏锐的洞察力和大胆的想象力，把自己想要表达的画面深深地印入脑海，再通过画笔释放出来。正如意大利雕塑家米开朗琪罗所说的一句名言:“我在创作之前就已经看到了那个塑像在大理石里面，我所要做的只不过把多余的石头一层一层地剥去罢了。”

比利时根特市政厅是一座典型的哥特式建筑。画面采用了线面结合的表现手法，把这一历史建筑描绘的结实而富有重量感，画面的下部寥寥几笔弧线勾出了街道的走向，而上部苍劲有力的几笔画出了有轨电车透视感强烈的天线，增强了画面的进深感。

B 视点选择

建筑速写表现同一个主题采用不同的视点会对画面产生截然不同的效果。我们在取景时只要稍微移动一下站立的位置就会发现主体建筑与其他景物之间的透视关系随之改变，更不用说离建筑主体远一点或近一点、高一点或低一点时的影响。因此，绘画前我们最好先在建筑四周走走，认真观察一下建筑的外形特征，寻找合适的视点，然后再精心构图，把能起到突出建筑主体、增加画面空间感的前景和背景组织在画面之中，把与表现主题无关的景物排除在外。表现历史建筑时，采用正面视点加以表现能够体现出其庄重、严谨，而表现后现代主义的建筑时，如果采用前侧面视点做成角透视，则会收到比较好的效果。视点的高低也会对画面产生很大的影响，在表现高层建筑时，采用低视点能够表现出建筑的高耸、宏伟。如果把视点安排在高层建筑的中间位置则表现出的画面往往不够理想。同时，视点的高低不同作画的难度也有所不同。一般来说，视点高的难度要大些，这是因为地面上要反映的东西多一些，配景也多一些。如果视点低一些，按照正常人站立的视点来作画则要简单得多，只要画好前景，后面的景物及配景的绘制就轻而易举了。

法国东北部城市斯特拉斯堡歌剧院。画面采用正立面的角度充分展现了历史建筑庄严、厚重的气势。

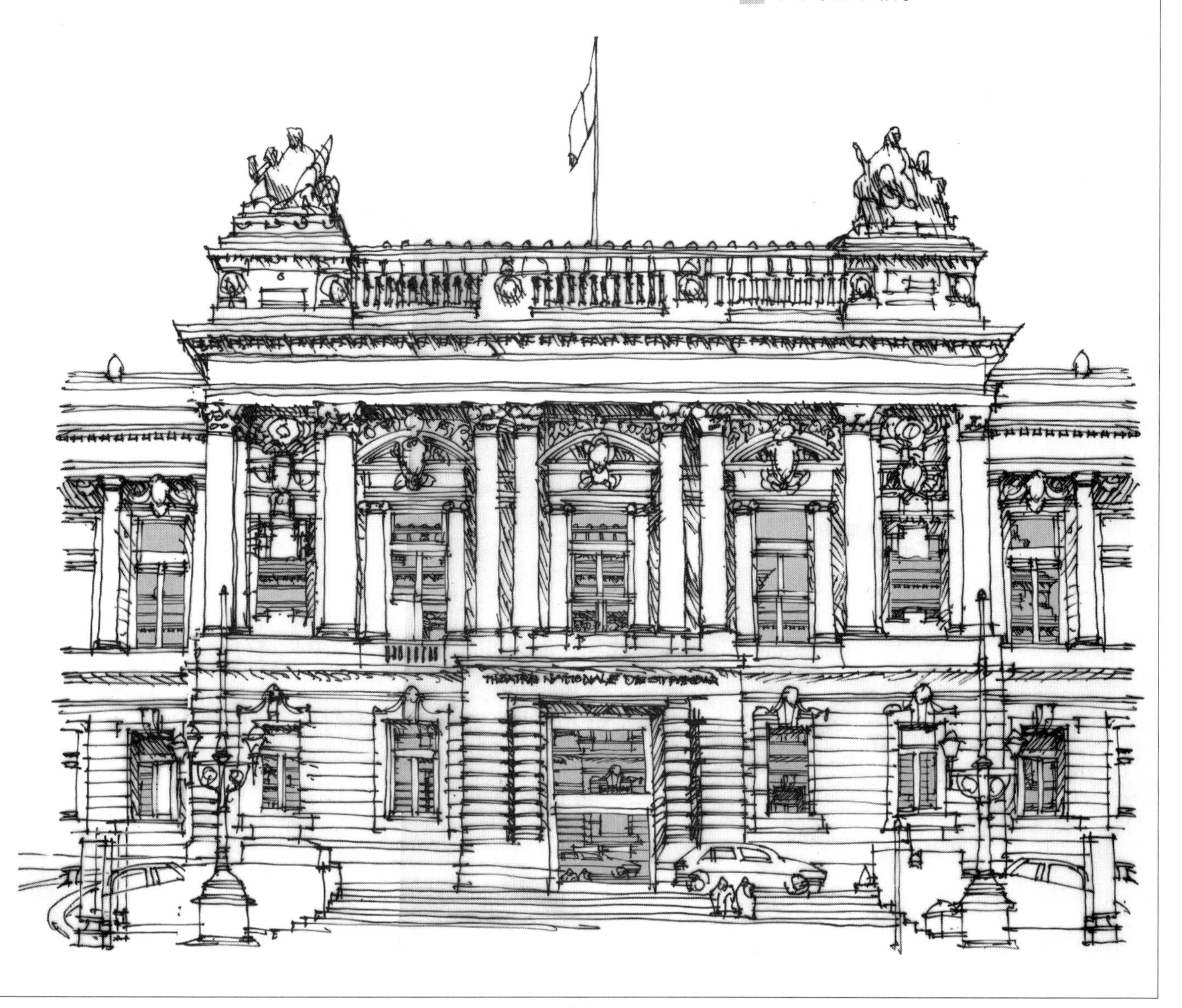

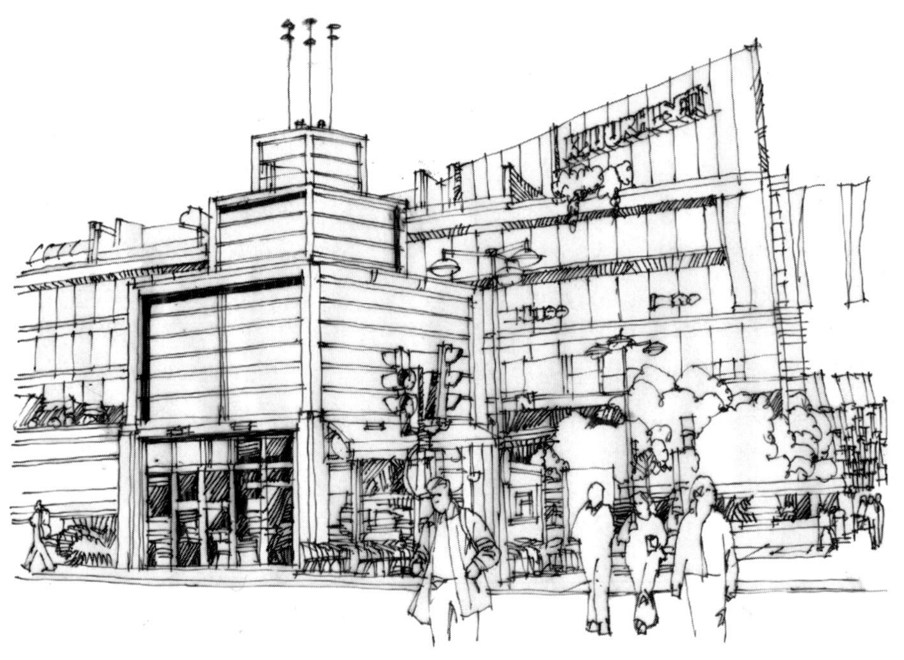

建筑速写在表现以直线为主或以曲线为主的现代建筑时，视点一般采用半侧面角度。这样可以更有效地表现建筑的凹凸关系和立体感。

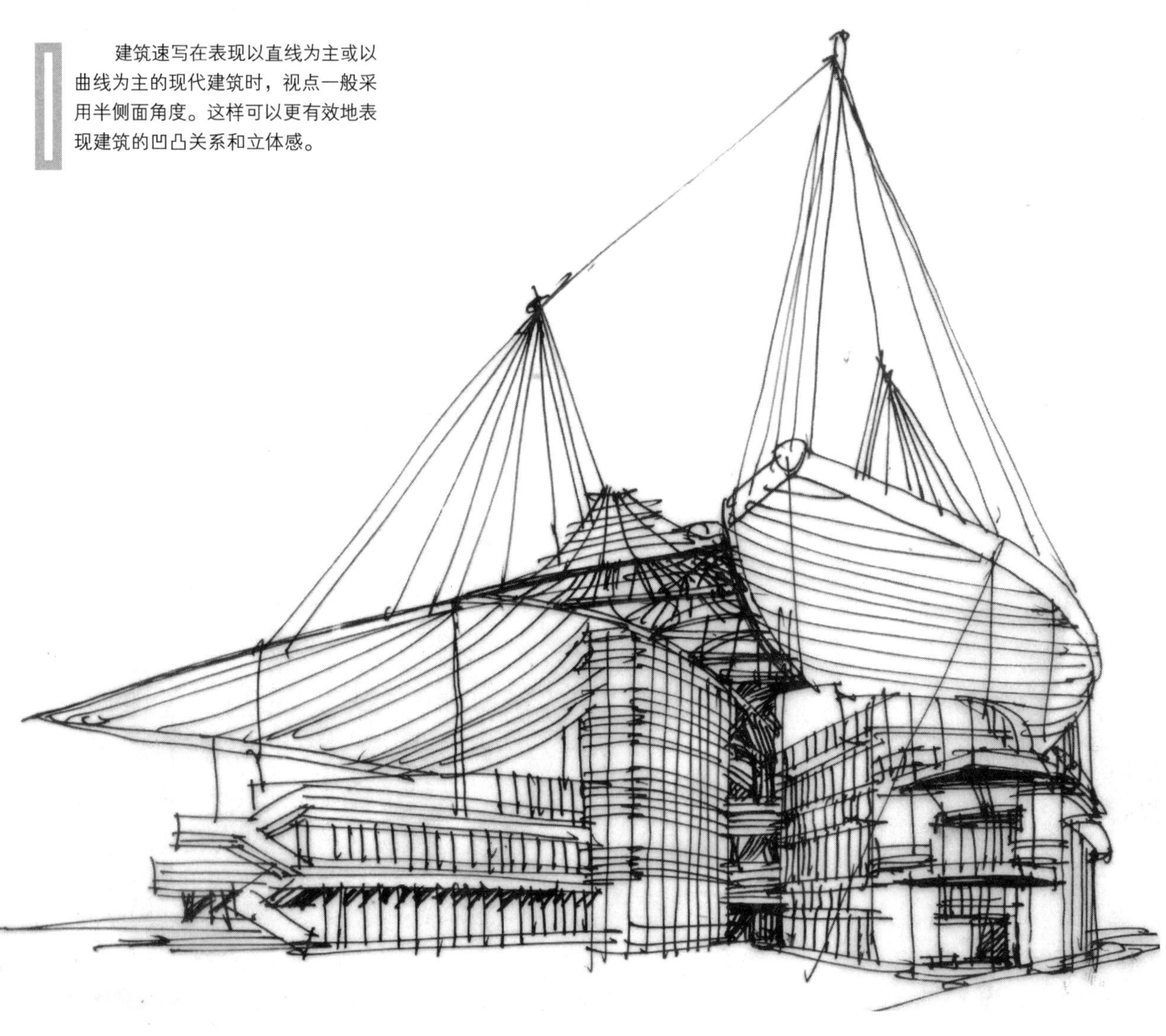

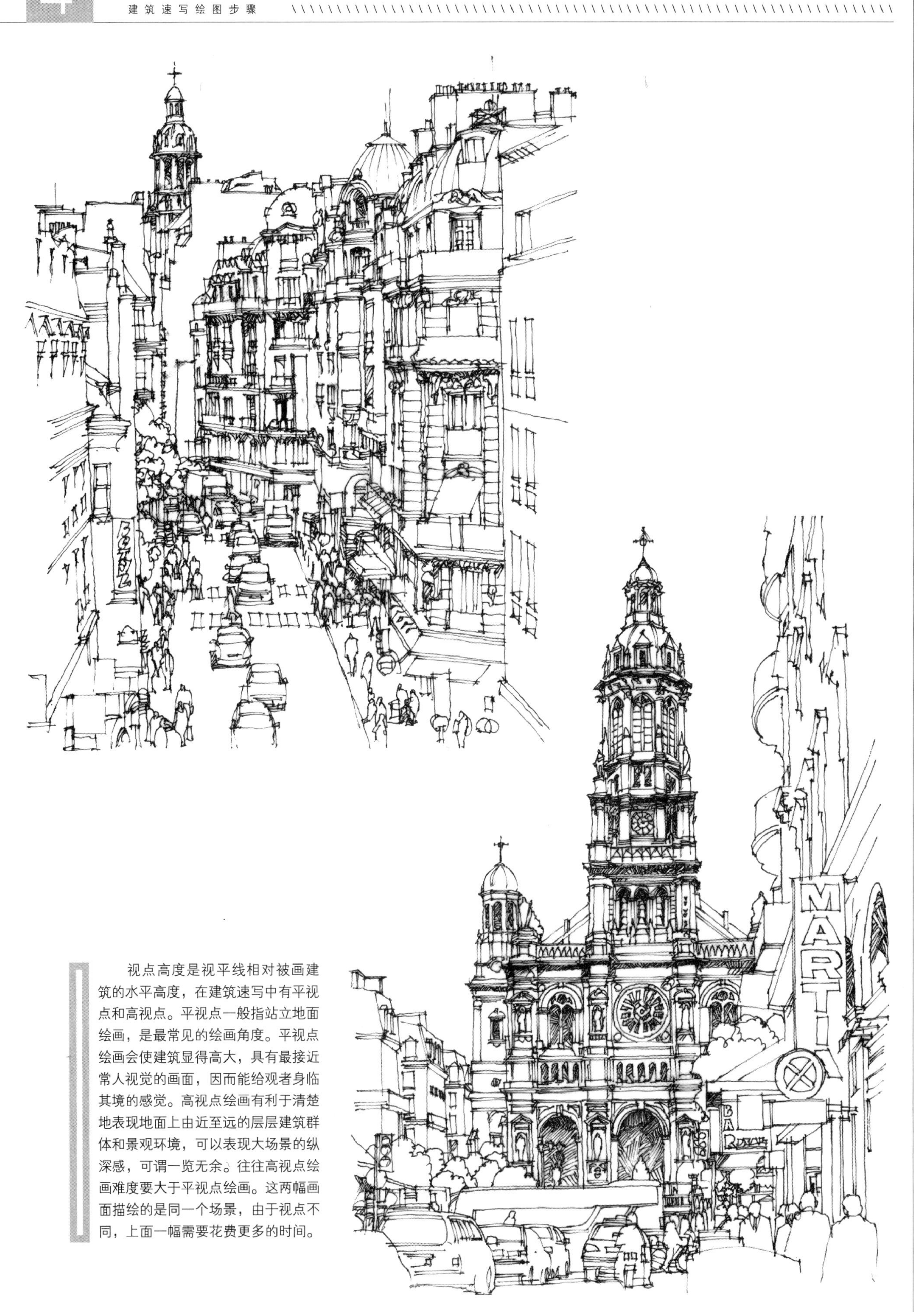

视点高度是视平线相对被画建筑的水平高度，在建筑速写中有平视点和高视点。平视点一般指站立地面绘画，是最常见的绘画角度。平视点绘画会使建筑显得高大，具有最接近常人视觉的画面，因而能给观者身临其境的感觉。高视点绘画有利于清楚地表现地面上由近至远的层层建筑群体和景观环境，可以表现大场景的纵深感，可谓一览无余。往往高视点绘画难度要大于平视点绘画。这两幅画面描绘的是同一个场景，由于视点不同，上面一幅需要花费更多的时间。

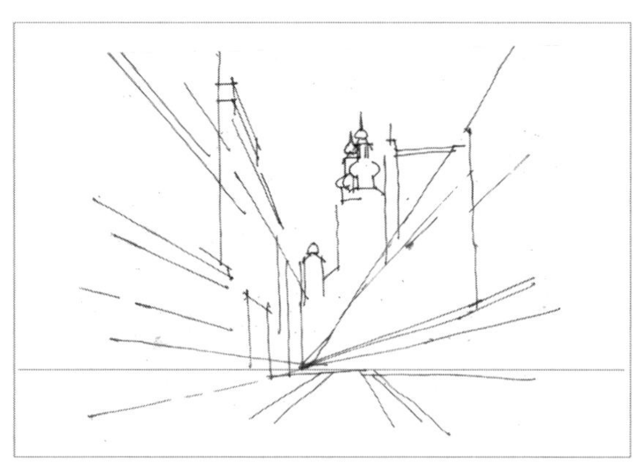

建筑速写绘图分为以下几个步骤：①首先选好角度确定所表达的重点，画出大的轮廓线；②注意视平线的位置，整体深入；③注重细部刻画，调整好整体与局部的关系；④重点部位略做明暗效果。

这是一组奥地利林茨市中心景观，同一个场景选择不同的视点和角度来描绘，反复比较它们之间的差异，从中可选出最理想的构图。

C 铅笔轮廓

在画建筑速写时可先用铅笔画出轮廓，先在画面合适的位置画一条水平线（视平线），再画一条垂直线，两线交叉点为视点，如果是一点透视的话，这一点就是消失点。然后布局画面构图，采用目测法画出大的透视线，再依据透视线画出建筑物的大体轮廓，在检查大的比例关系基本准确后逐步画出建筑物的各细部造型。

目测法也可称为估计透视法。在画面的两端假设两个消失点，如果采用三点透视法的话，再加一个垂直的无形点。对于建筑速写，消失点大致准确即可，而这种自由形式会提高建筑速写绘画的速度。目测法的道理很简单，灵活地运用这一方法可在短时间内完成多张建筑速写。

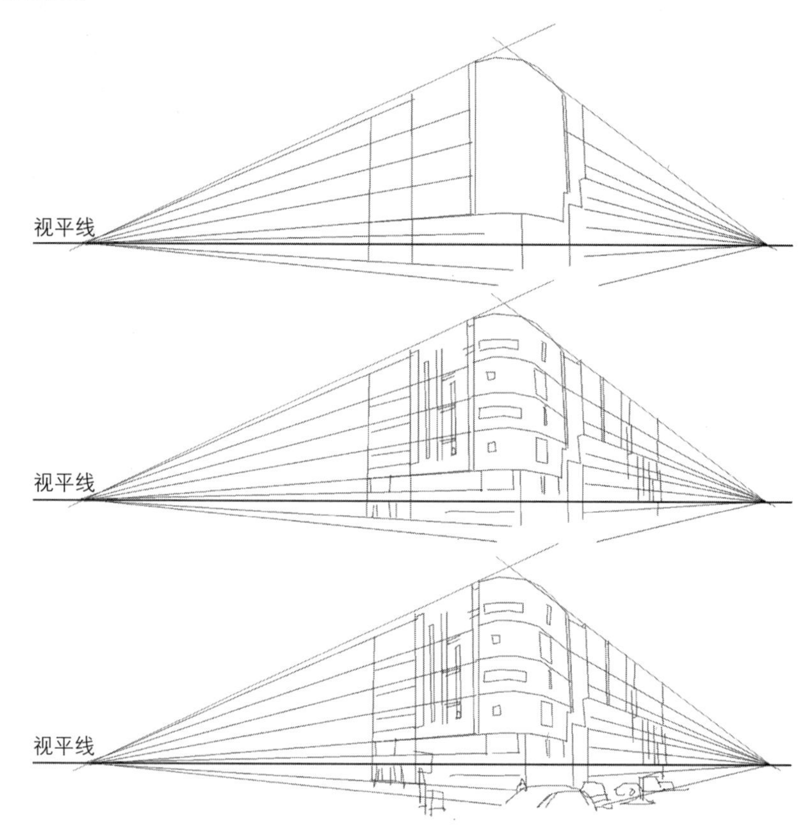

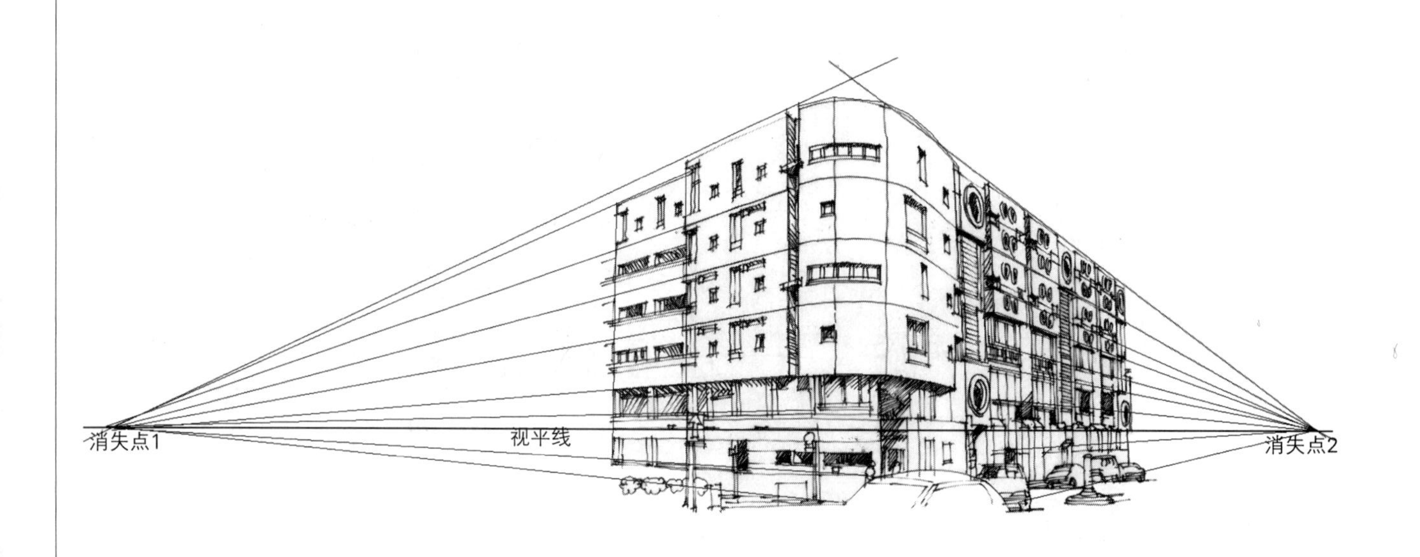

D 细部刻画

在铅笔轮廓的基础上，基本结构轮廓线确定后，进入深入阶段，逐步对建筑各界面做仔细刻画，有时，我们需要考虑明暗光影与色调的安排，这需要运用阳光来辅助表达结构，很自然地将一面加上阴影，与受光面形成对比，强调其光亮效果。为了突出主题和重点，刻意将建筑的凹进部分的阴影色泽画得比较浓深，为了防止单调感，也可以在一组窗户上画出深色以重复和呼应，同时安排配景的内容和位置。一般来说，建筑物的下部要做重点处理，特别要协调好建筑物和地面的关系以及与配景的关系，只有把这一部分表现得到位和充分，建筑物才能够实实在在地落在地面上。

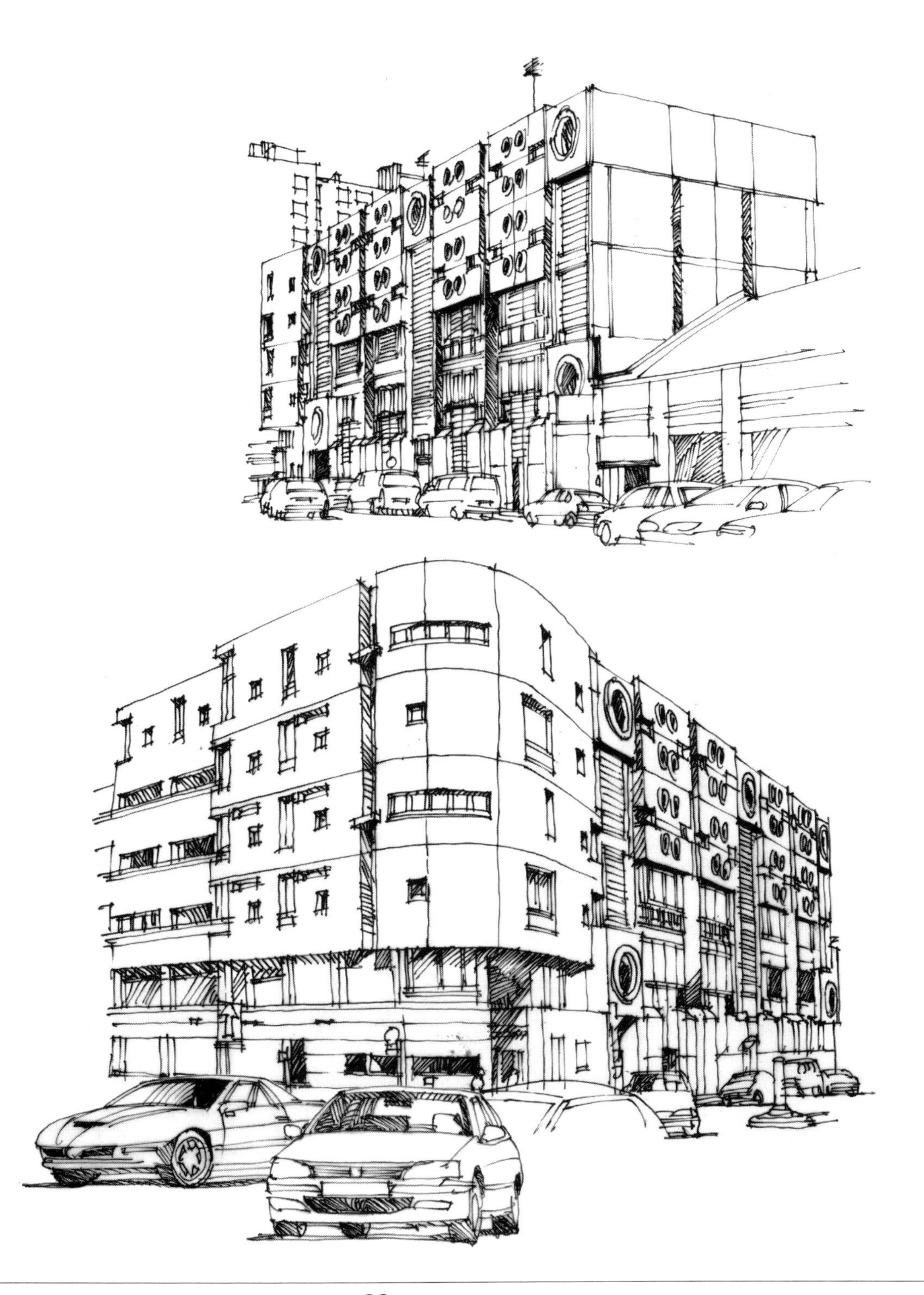

建筑速写是目前一种比较流行的快速绘画方法，以铅笔画好透视图，在透视稿的基础上，用钢笔加重线条。这样勾画的线条坚实而有力，细部刻画和线脚的转折都能做到精细准确。

坐落在马德里市中心的西班牙文化中心大厦，精美、厚重、富丽堂皇。描绘这种带有中轴线关系的古典建筑在构图上强调了它的对称性和稳定感，在明暗关系的处理上适当强调各个界面的转折，增强了整个建筑的立体感。

巴黎卫星城圣丹尼优美而富有朝气，画面强调了街道的透视感，位于中景的教堂钟楼是画面的焦点。勾勒出轮廓是建筑速写的第一步，可以在较短时间内用线条最大限度地表现出对象的基本特征，然后再通过对具体造型、明暗对比等细节的把握加上作者对建筑的理解和认识，就可以完成一幅富有真实感的建筑速写作品。

这里描绘的是比利时布鲁塞尔皇宫附近的景观，随着地面的起伏，整个建筑群的透视线发生了一些变化，这些变化显示了地势起伏的走向，画面因此变得生动起来。

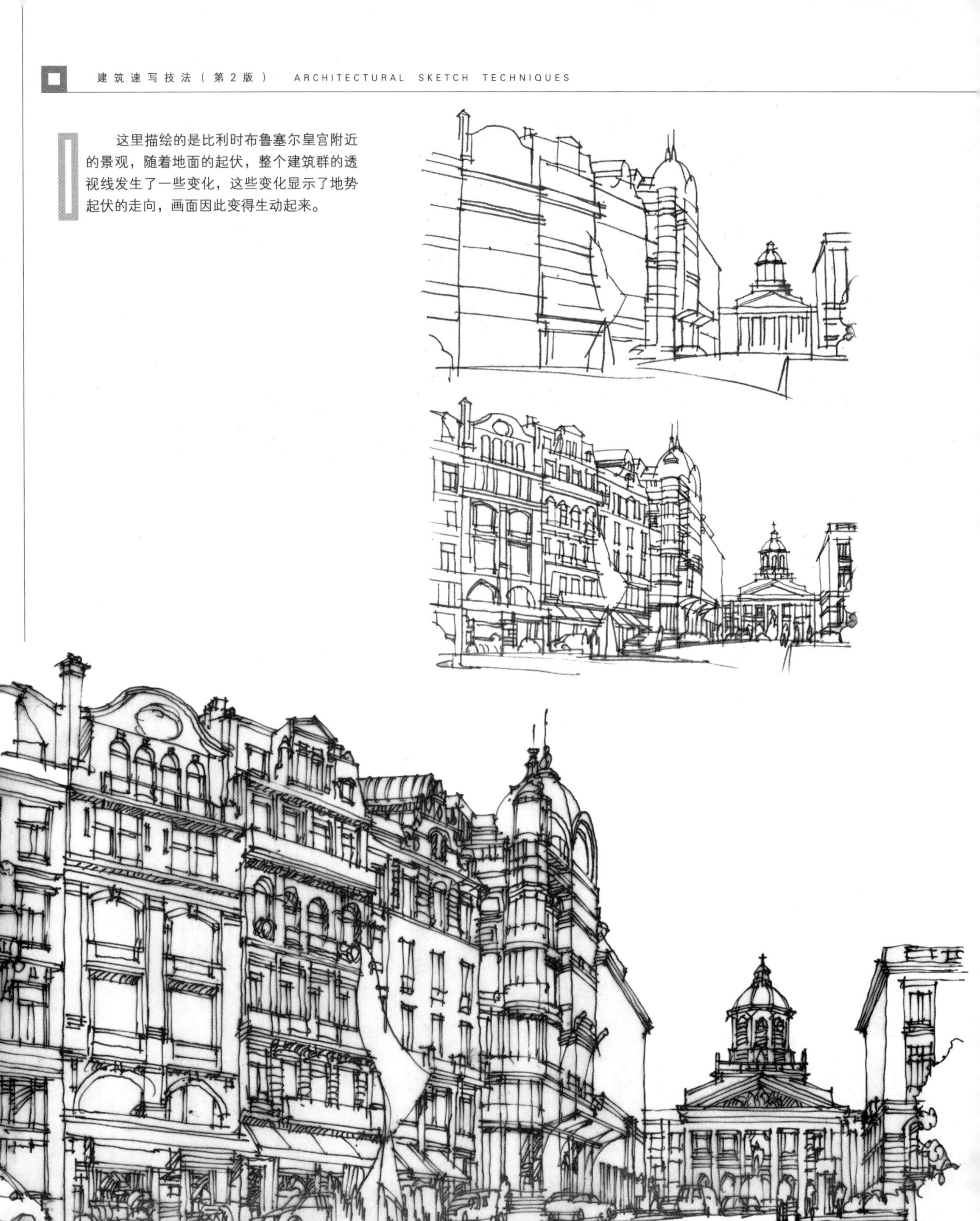

学习要点

建筑速写不能只画建筑本身，还应考虑到周围的环境，否则画面就会与实际相脱节，变成一幅模型透视图。所刻画的配景，应本着自然、和谐的原则，配景过多、过密，甚至遮挡了所要刻画的主体建筑的重要部分，往往会造成喧宾夺主的局面。在安排时，要有的放矢，注重整体的感觉。局部的处理要服从整个画面的需要，配景的透视关系要与整个建筑环境取得一致，这样才能与主体建筑相呼应，使得画面能够完整、真实、生动地体现其风采。

建筑速写画面配景

城市景观速写中，若干个不同的建筑物、城市设施、人物和植物，通过一定的组合关系，就形成了一定的环境效果。任何一个建筑物都不能脱离环境而存在，因此建筑画中周围的环境也是设计内容的一部分，如配置适当的建筑环境，不仅能使观者从中看出建筑物所在地点是城市或郊外、广场或庭院、依山或傍水，而且还可通过衬托的作用，在一定程度上增加画面所要表达的建筑气氛，有助于说明不同建筑的特性。建筑速写中的建筑物总是画面的主体，因此最后形成的画面效果也应以建筑物为重点。在此情况下，画面上所有配景的布置和处理，始终只应起陪衬的作用。即使有时会对配景加以夸张，也是用以充实建筑四周的内容，丰富建筑的环境，以求能够突出建筑本身。

A 配景目的

建筑物是不能孤立地存在的，它总是存在于一定的自然环境中。因此，它必然会和自然界中的许多景物相辅相成。建筑配景是指画面上与主体建筑构成一定的关系，帮助表达主体建筑的特征和深化主体建筑内涵的对象。建筑配景对于我们来说也是十分重要的，出现在画面中的树木、人物、车辆等尽管都是些配角，却起着装饰、烘托主体建筑物的作用。在它们的掩映下，较为理性的建筑物避免了枯燥乏味的机械感，而显得生机蓬勃、丰富多彩。如果没有这些配景，画出的建筑可能和真实的现场有很大的差距，仿佛建筑模型。

巴黎大学前街景小品。画面用笔不多但也刻画了街道的地势走向关系以及生动的车辆组合关系。

建筑速写应根据不同性质的建筑环境来安排不同年龄、不同职业身份的人物配景。虽然画面上的人物配景处于次要地位，但与主体建筑组成画面，对深化主体建筑内涵，帮助说明主体建筑的特征起着重要作用。

建筑速写人物配景

建筑速写植物配景

建筑速写画面配景

建筑速写植物配景

建筑速写画面配景

B 配景要点

建筑速写的配景通常以人物、植物和车辆等为主。人物的大小、前后及衣着姿态对于烘托空间的尺度比例、说明环境的场合功能很有作用；植物的形态最能表现地区气候特征，热带的树木挺拔疏朗，温带的树木秀外慧中；车辆安排得当能够平衡构图、给画面带来动感。这些配景是建筑速写表现中重要的一环。画面配景的安排必须以不削弱主体为原则，不能喧宾夺主。配景在画面所占面积多少、色调的安排、线条的走向、人物的神情动作，都要与主体配合紧密、息息相关，不能游离于主体之外。由于画面布局有轻重主次之分，所以位于画面上的配景常常是不完整的，尤其是位于画面前景的配景，只需留下能够说明问题的那一部分就够了。配景贪大求全，主体建筑反而会被削弱。要从实际效果出发，取舍配景，把握好分寸感是配景的要点。

西班牙巴塞罗那游乐场。画面有虚有实，着重刻画了有特点的场景。

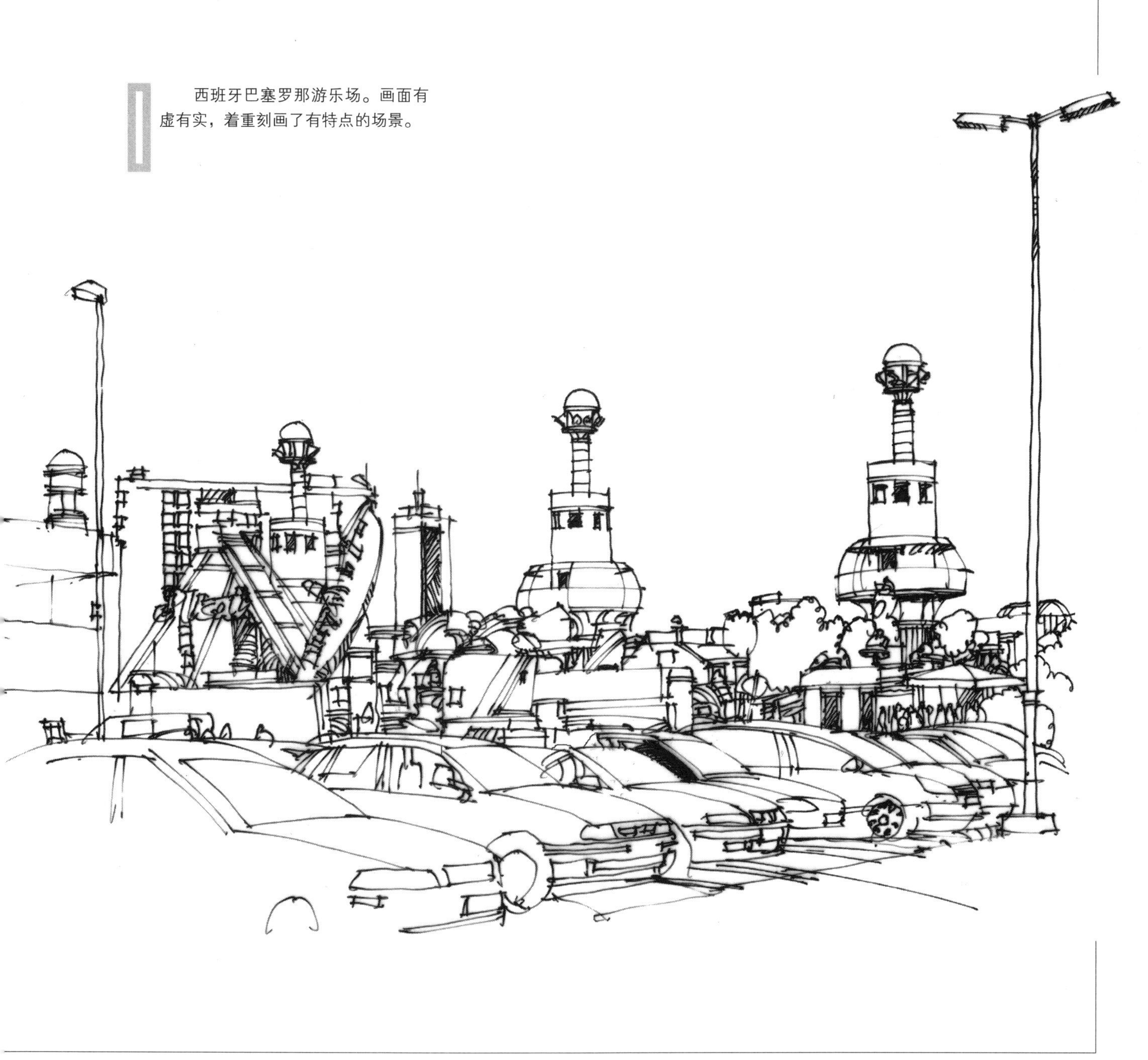

画面描绘的是出自建筑大师高弟之手的西班牙巴塞罗那和平医院。画面采用了疏密对比、明暗对比的手法，画面中心的主体建筑笔触浓重、肯定有力，而其他的配景则以轻快、奔放的线条一挥而就。

西班牙马德里市中心街景。画面中作者强调了对车辆配景的描绘，建筑群的下部则画得比较笼统，这样一紧一松很好地拉开了水平和垂直两组界面的空间关系。而建筑群的顶部刻画的非常充分，在画面中形成了上、中、下三部分，上部和下部线条密集，中部线条松弛，形成节奏感，准确地展现了现场车水马龙、生机勃勃的氛围。

C 前景安排

建筑速写画面，前景在构图、意境、气氛和景深等方面起着重要的作用。前景有均衡画面的作用，有时我们在画面上发现空缺不均衡的时候，比如天空无云显得单调时，用下垂的枝叶置于上方，弥补画面不足之处；有时画面下方压不住，上重下轻的时候，可以用色调深沉的山石、栏杆做前景，使画面压住阵脚，达到稳定、均衡的作用。前景也常常被用来加强画面的空间感和透视感，与远处的景物形成明显的形体大小对比和色调深浅的对比，以调动人们的视觉去感受画面的空间距离和纵深轴线。利用前景与远景中的同类景物，比如人、树、山等，由于远近不同，如果在画面上所占面积相差越大，则调动人们的视觉规律来想象空间的能力就越强，纵深轴线的感受就越鲜明。

意大利威尼斯大运河景观。画面中的前景安排拉开了场景的空间距离，同时，在平衡构图、渲染气氛等方面都起了很好地作用。

画面中利用门、窗等特征鲜明的景物作前景，让其在画面中占有较大的位置，会给观者心理上产生一种身临其境的亲切感，无形中缩短了观者与画面之间的距离，这对增加画面的艺术感染力是很有利的，要引人入胜，先要引人入境。这种配景的间接处理是结构画面的一种艺术手法，它可以扩大画面的容量，创造无形的画外之画，让观者的想象来参加画意的创造，引起欣赏的兴趣和回味的余地。

法国东北部城市斯特拉斯堡市中心广场。广场灯柱设计非常特殊，充分展示了法兰西民族浪漫主义的特征。作者特别强调了这一道具，把它作为画面的前景，深色的灯柱与背景建筑有机地结合且互不干扰，恰当地展现了广场的氛围。

这是一幅构图比较特殊的画面，占画面较大部分的广告灯箱作为画面的前景，而画面的视觉焦点则是教堂的双塔。突破常规构图法则的画面往往会有一种耳目一新的感觉。

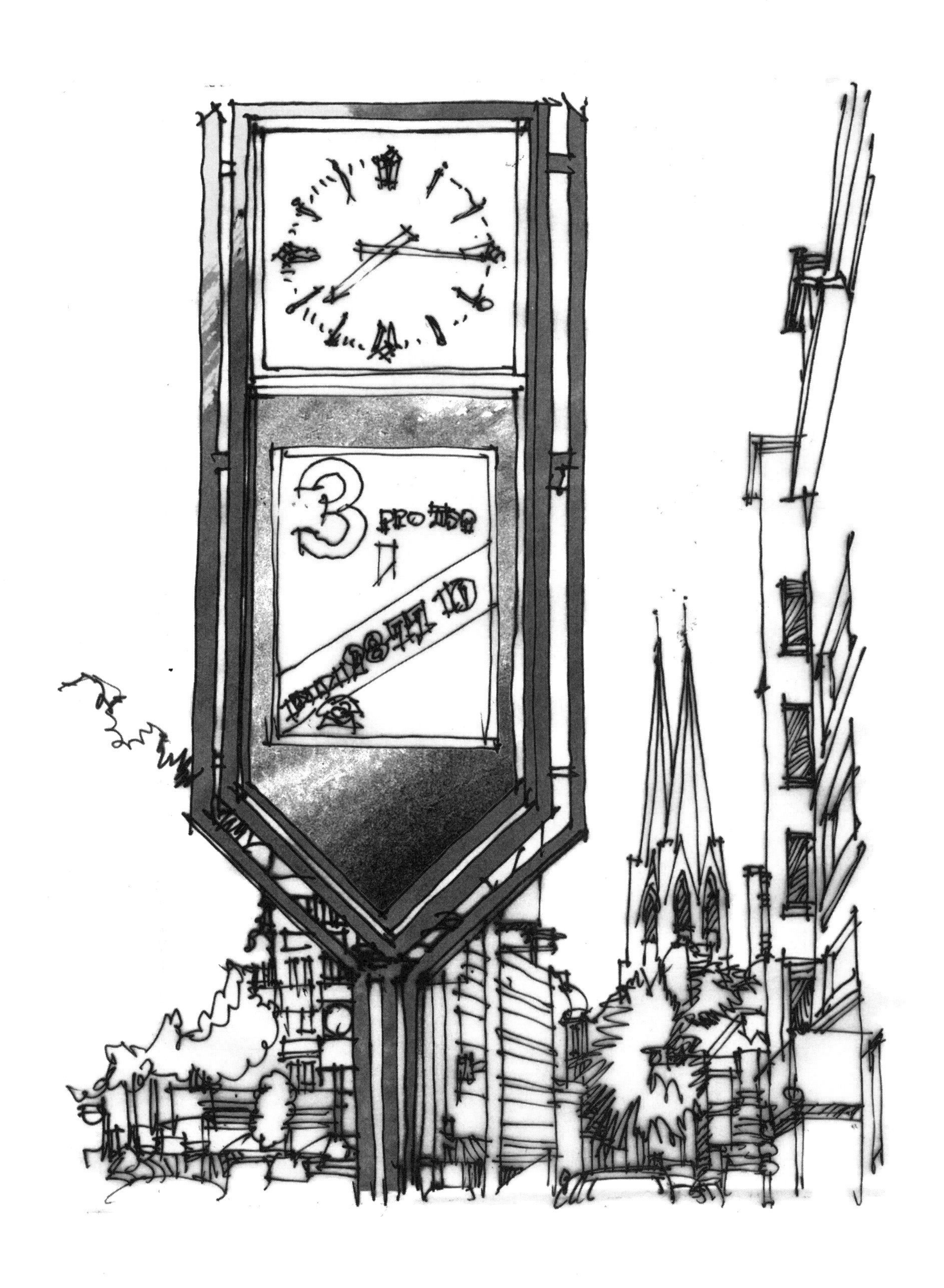

D 气氛渲染

在建筑速写画面中，人物是最重要的配景，生动的人物姿态最能够活跃画面气氛，反映地域风情。树木、绿化和建筑物的关系极为密切，是建筑物的主要配景。树可以作为远景、中景或近景，作为远景的树，树的深浅程度以能衬托出建筑物为准。画汽车也要考虑到与建筑物的比例关系，过大或过小都会影响建筑物的尺度。在透视关系上其应与建筑物一致，有一些建筑表现图，正是因为没有处理好这些关系，使所画的汽车与建筑物格格不入，从而破坏了整个画面的统一和谐气氛。另外，其他配景如广告灯箱、路灯、街边座椅和护栏等，在绘画过程中都应考虑其与主体建筑的关系。巧妙地处理配景素材的位置、明暗、疏密等关系，可平衡画面构图，烘托环境气氛，增强画面动感，强化视觉中心，并烘托出主体建筑。

冬季的加拿大首都渥太华，河上结了一层厚厚的冰，这里是溜冰爱好者的快乐天堂，背景是古色古香的城堡状的建筑群。画面很好地渲染了这种热烈的氛围。

摩纳哥市中心景观，画面采用疏密对比和明暗对比的手法，画面中心主体建筑笔调浓重，配景则笔调轻快。作为速写画面配景的植物、车、人、彩旗则表现得较为充分，画面很好地渲染了现场环境的气氛。

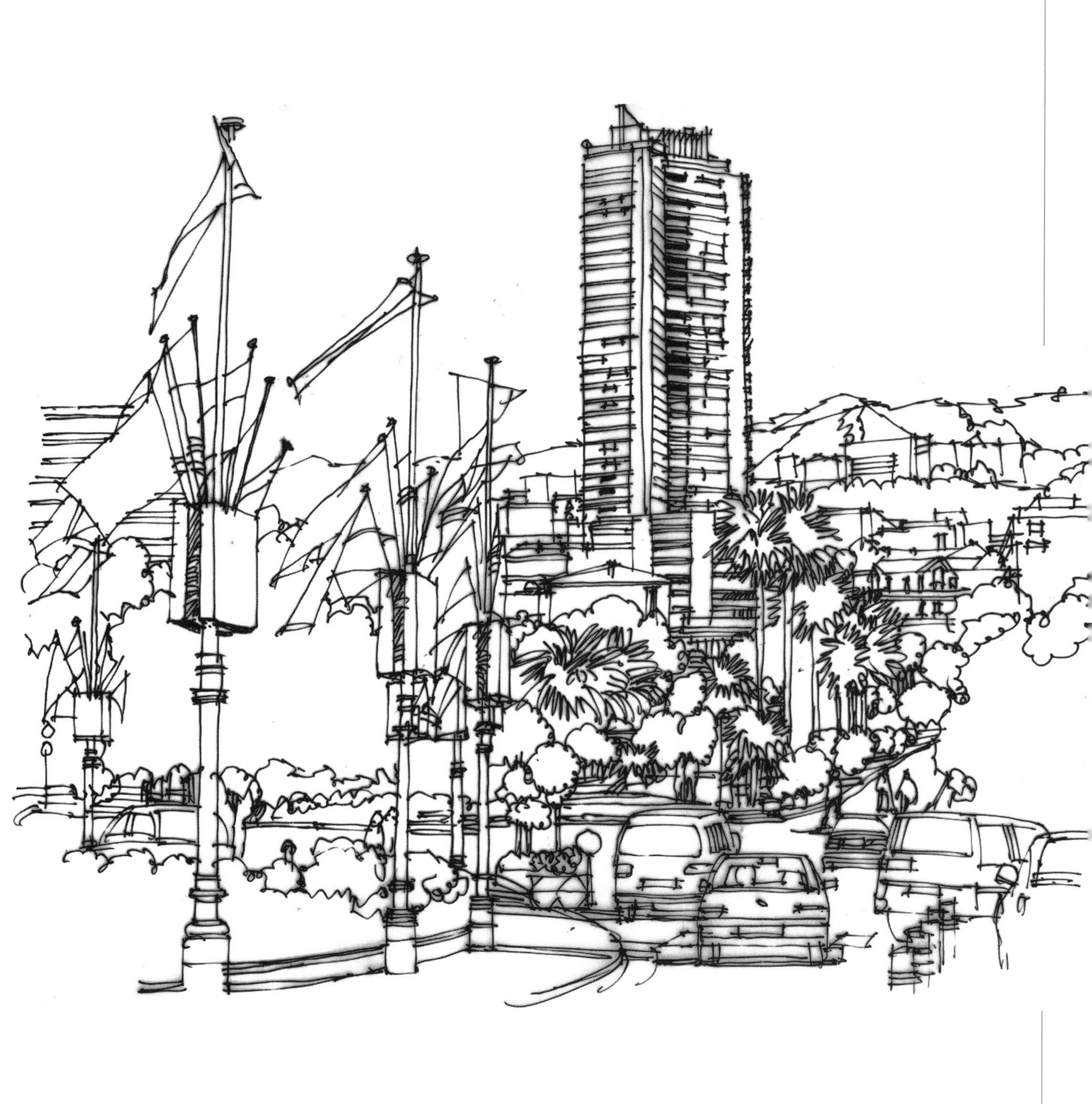

建筑速写一定要注重建筑物下部以及配景的处理，这一部分也是建筑速写中最难处理之处，也是建筑能够实实在在落在地上的关键。有些初学者不太注意这方面的处理，把建筑物刻画得比较仔细，而建筑物的下部及配景则画得比较草率，结果整个建筑“飘”了起来，落不到地上。下图描绘的是德国莱比锡的街景，画面很好地处理了前景，小轿车和骑自行车的人都是浅调子，都有一股向心力的感觉，这样和中心建筑衔接得天衣无缝，主体建筑则采用深色调子，形成了对比关系。

建筑速写有助于对形式美的认识和审美能力的提高。画建筑速写的过程，并非是完全模拟现实，对现实作惟妙惟肖的复制，而是对客观状态分析、归纳、提炼的过程，是对形式美的认识、理解和创造的过程。在写生的过程中，我们的思维始终在所画对象与画面之间进行着比较、取舍、强化和整理，将艺术美的观念融入画面之中，使作品更具有艺术的真实、艺术的美感。

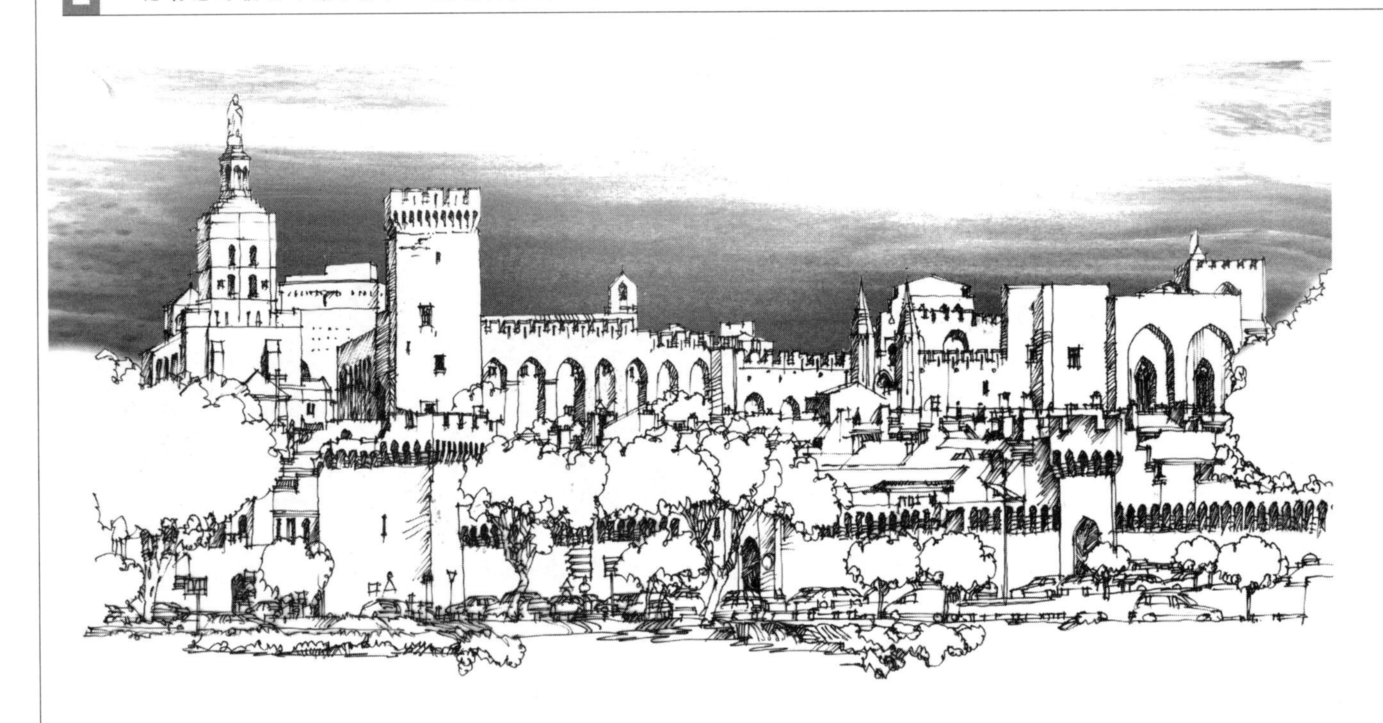

法国南部城市阿维尼翁是座古城，画面以深色的天空来衬托古罗马时代的城堡和教堂。

学习要点

建筑速写有3种表现形式：以线为主、以面为主、以明暗色调为主。实际上这3种形式都涉及明暗层次关系。以线为主的画面，当线密集到一定程度时，其在画面中的实际效果也就类似于面。如果主体建筑是较为简洁的形体，背景的线条可以密集一些；反之，背景的线条可以简洁一些。总之，图底关系是遇明则暗，遇暗则明，遵循这一原则可以解决建筑速写中的诸多实际问题。另外，明暗关系也是构图的一个重要元素，能够为整个构图的平衡起到决定性的作用。

6 建筑速写明暗层次

建筑速写的表现主要有3种方法：一是以线条为主的方法；二是以面为主的方法；三是以明暗色调为主的方法。以线条为主的建筑速写方法往往是重轮廓、重结构，通过线的韵味来体现画面的效果；以明暗为主的建筑速写，主要是重形体、重空间、厚重感，以线条排列轻重感来表达画面的内容。总的来说，都是离不开线的绘画要素。如何处理黑、白、灰三者关系，这个问题，虽然在别的画种中也要妥善地处理，但在建筑速写中却更为突出，这是由建筑速写的特点决定的。与其他画种相比较，建筑速写黑白对比比较强烈，而中间色调没有其他画种丰富。因此，建筑速写表现对象就必然要认真地分析对象，并做出适度地概括。所谓概括，就是通过分析以后，去粗取精，去伪存真，保留那些最重要、最突出和最有表现力的东西并加以强调，对于一些次要的、微小的枝节上的变化，则应大胆地予以舍弃。这看上去似乎使建筑速写受到一些限制，其实却正是建筑速写的特长所在。如果我们能够正确地运用概括的方法，合理地处理黑、白、灰3种色调的关系，就能够非常真实、生动地表现出各种形式的建筑形象来。对景物不分主次轻重地一律对待，追求照片效果，那便失去了建筑速写的特点。

A 明暗规律

以明暗对比手法画建筑速写，在明暗处理上和素描的规律基本是一致的：亮的主体建筑衬在暗的背景上；暗的主体建筑衬在亮的背景上；主体建筑亮，背景也亮，中间则要有暗的轮廓线；主体建筑暗，背景也暗，中间则要有亮的轮廓线。因为建筑速写是平面的造型艺术，如果没有明暗的对比和间隔，主体建筑形象就可能和背景融合成一片，丧失被视觉识别的可能性。所以有人把画面明暗比作运载手段，有了它，画面形象才会显现出来。背景的处理（包括留白）是建筑速写画面结构中的一个部分，只有在绘画中细心处理，才能使画面内容精炼准确，使视觉形象得到完美表现。

西班牙阿拉贡自治区首府萨拉戈萨火车站是一幢极富地方特色的建筑，以大块朴素的墙面来衬托富有民族特点的钟楼，形成了非常强烈的对比关系。整个画面的明暗关系是互相交错的，暗中有明、明中有暗。

科隆大教堂，是位于德国科隆的一座天主教主教座堂，是科隆市的标志性建筑物。在所有教堂中，它的高度居世界第三。论规模，它是欧洲北部最大的教堂，集宏伟与细腻于一身。它被誉为哥特式教堂建筑中最完美的典范，它始建于1248年，工程时断时续，至1880年才由德皇威廉一世宣告完工，耗时超过600年，至今仍不断修缮。下图描绘的是德国科隆大教堂侧面，画面注重明暗关系和虚实关系，由于构图的需要，着重刻画了侧面的主入口，形成了画面的视觉焦点。

用素描调子来表现历史建筑是一种很好的选择。这幅描绘德国科隆大教堂的画面，始终围绕着主题内容来把握明暗节奏的变化，以明暗的手段来拉开前后建筑的距离。作者很好地把握了画面的气氛，把这座举世闻名的宗教建筑表现得宏伟庄重、挺拔壮观，引人入胜。

这幅图画面风格明快，布局主次有序，高低错落有致，以线条的疏密体现了黑、白、灰的效果，强调线条的流畅、洒脱，从而增加了画面的艺术表现力。

城市景观是五彩缤纷的，当我们面对以某座建筑物为中心的街道时，往往会发现整个街区场景都有着强烈的明暗对比，令人目不暇接、眼花缭乱。但这种明暗关系并不都是我们需要的，如果在画建筑速写中不作取舍，以机械的、自然主义的方式记录下来，必将影响我们的注意力，画面会显得凌乱、繁杂而无主次之分，中心重点无法突出。从这幅描绘荷兰阿姆斯特丹市中心街景的画面中，我们能够明显地看到作者在明暗关系上所做的主观处理：主体建筑明暗对比强烈；而其他建筑明暗对比舒缓，自然形成视觉焦点。

在快速表现对象的形体结构关系时，要注意明暗浓淡变化和明暗面积大小对画面的影响，让画面始终围绕着主题，以达到一种均衡的感觉，使被表现的主体建筑明中有暗，暗中透明，呈现明暗交织、丰富多彩的画面景色。目的是为了达到层次分明，突出画面主体建筑的效果。

B 光影效果

自然界的主光源是日光，它的照射角度和亮度会随地点、季节、时间和气候条件的不同而变化，直接影响画面中建筑光影关系和气氛，从而改变人们对建筑的感知。对光的特性加深认识，并利用它的变化来刻画建筑凹凸关系和渲染画面气氛是建筑速写的重要表现手段。理想的光线不但需要耐心等待，更要努力去发现并加以利用。平时要多注意观察阳光是如何使建筑充满生气，在侧向绚丽的阳光照耀下，建筑物显得明亮，反差大，从而能突出建筑的外部特征，把建筑的三维空间真实地显现出来。要利用那些简洁、形状鲜明而整齐的阴影作为画面的组成部分，形成画面的节奏感。

我们在画主体建筑物及周围环境时，把次要部分做省略处理，有些物体太深的色调做适当调整，有的甚至干脆取消。这多少有些像照片放大时的“白化”处理，周边逐渐淡出乃至空白。其目的只有一个，就是引导观者的目光和注意力聚焦在画面的重点、主体上。

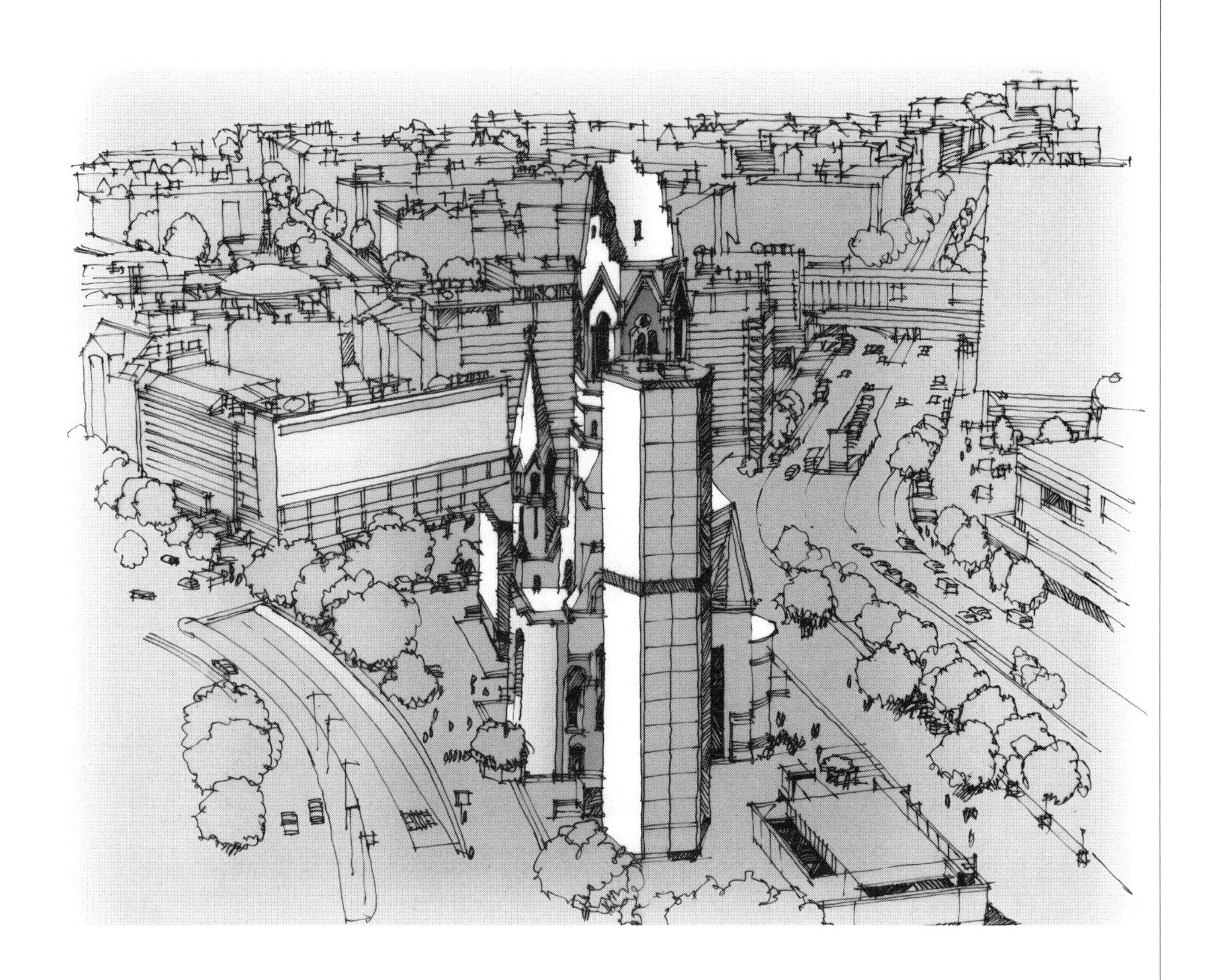

画面强调了光影效果，仔细观察，画面中的色块并没有直接表现物体，而只是表现了物体在光线照射下的阴影部分。我们视觉感受到的物体是忽隐忽现的，是来自于我们对光线照射下物体显现的一种潜意识和感知经验。这种装饰性画面上物体的识别需要有一个过程，而体验这种过程是富有情趣的，这正是装饰绘画的美感所在。

以明暗关系为主的建筑速写表现形式，是通过归纳建筑物上的光影效果所产生的明暗两大色调的变化来表现建筑的形体特征和体量感。

在右图中，城市中心街道的一边，强烈的透视线把视觉焦点引向远方，建筑群尽头是一个有深色横条窗的写字楼，恰到好处地为建筑群画上了句号。建筑速写常常提到画面要收住气，写字楼的处理就是很好的诠释。

下图中的主体建筑是由几个体面构成的，运用明暗调子变化来表现该建筑的体面特征与空间关系，和平时素描写生中画多面体石膏模型手法完全相同，注重明暗交界线的变化及运用不同的灰度表现不同的体面。

C 对比要素

对比，从古希腊就有“对立造成和谐”的美学观念。在建筑速写中，对比是构成形式美的重要手段。以绘画表现对比，即矛盾或对立在画面上的统一，“没有矛盾，就没有结构”这一文学法则对于建筑速写也是适用的。建筑速写中的形式对比，在对比中达到统一是对这一法则的直接体现。形式对比大体上可分为：明暗、黑白、动静、虚实、大小、粗细、繁简和不同艺术形式的组合等。视觉艺术尤其是建筑速写中所应用的系列对比，能给观者视觉和心理上鲜明有力的辐射。

下图描绘的是巴黎典型的居民住宅。巴黎的城市规划中，很多是以广场为中心，街道呈放射性状态向多个方向延伸，夹在两条街中间的就会出现这种三角形民居建筑。法式民居建筑风格还有一个特点是既对建筑的整体方面有严格的把握，又比较善于在细节的雕琢上下功夫。建筑造型上多采用对称造型，屋顶造型的变化最能够体现巴黎民居建筑的特色。屋顶上一般都会有精致的老虎窗，细节处理上运用了法式廊柱、雕花、线条，制作工艺精细考究。豪华舒适的居住空间，高贵典雅，几经涅槃，仍旧经典。画面表现扎实而细腻，局部采用了疏密对比的手法，使画面松紧有序。

在实际作画中无论是单纯用线条还是用块面，都有一定的局限性。单纯用线条，无法充分表现对象的空间感、体积感以及质量感；单纯用块面，无法表现对象流畅生动的韵律，画得过于繁琐而失去了生动性。因此，线面相结合的建筑速写表现法结合以上两者表现的优点，可以生动丰富地表现各种对象。下面两幅图描绘的是巴黎的意大利广场边的大型商场，新颖的造型充分体现了法国人浪漫超脱、不拘一格的人文情怀。

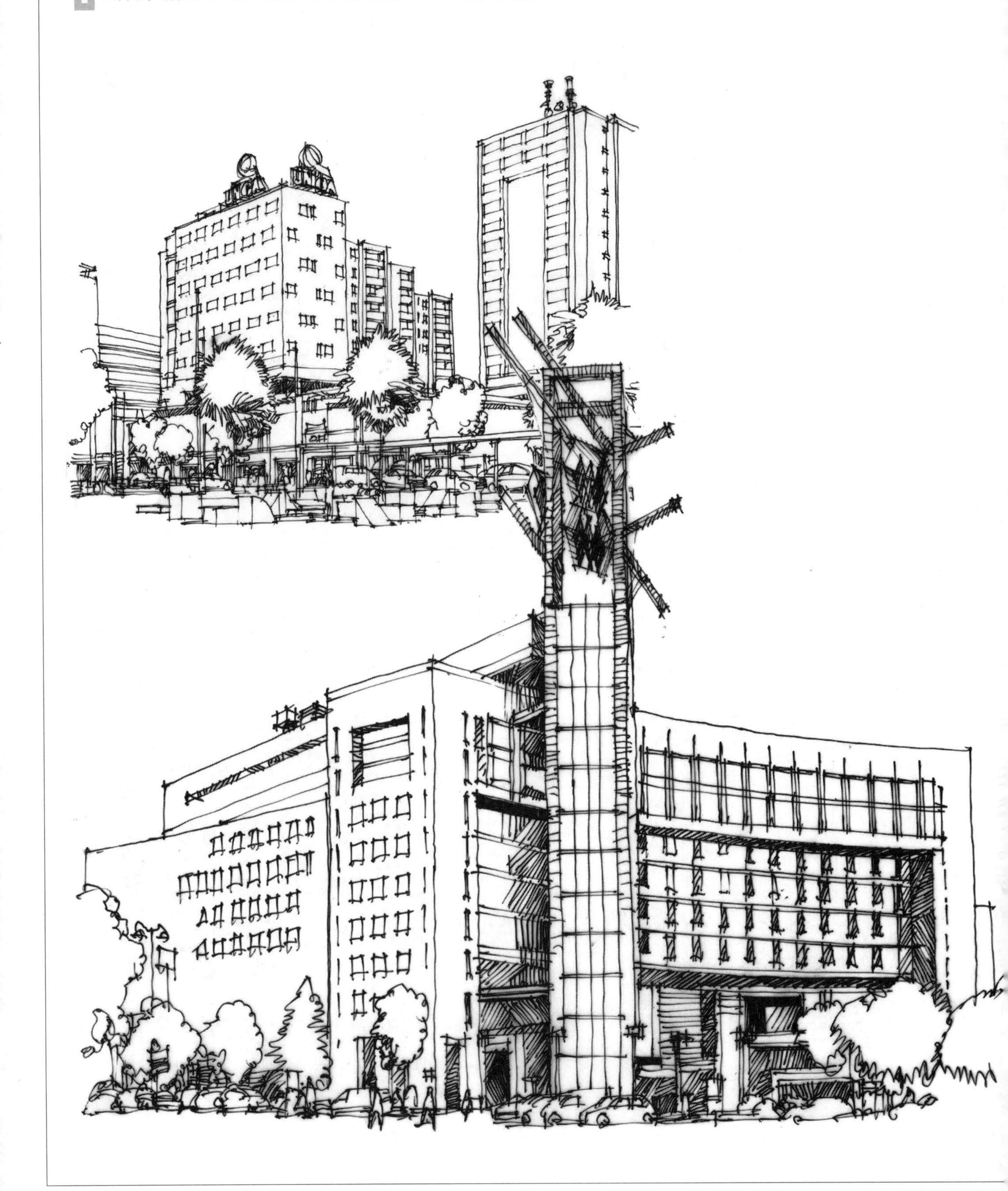

伦敦圣保罗大教堂是世界著名的宗教圣地，教堂是古典主义风格，覆有巨大穹顶，高约111米，宽约74米，纵深约157米，穹顶直径达34米。这座宏伟建筑设计优幽完美，内部静谧和谐。圣保罗大教堂最早建于604年，后经多次毁坏、重建。最终由英国著名设计大师和建筑家克里斯托弗·雷恩爵士在17世纪末完成教堂设计并建成，整整花了35年的心血。圣保罗大教堂另一个建筑特色是为数不多的仅由一位建筑师设计完成的教堂，其是建筑大师雷恩最优秀的作品。下图描绘的是从略微有点弧度的大街上看大教堂，虽然街道上的建筑对教堂有些遮挡，但是，穹顶及两个钟塔恰到好处都能够看到。画面中注重了对大教堂暗部的刻画，而其余建筑仅仅是白描勾线，使观者第一眼就会注意到大教堂，主观上强调画面中心，画面焦点不言而喻。

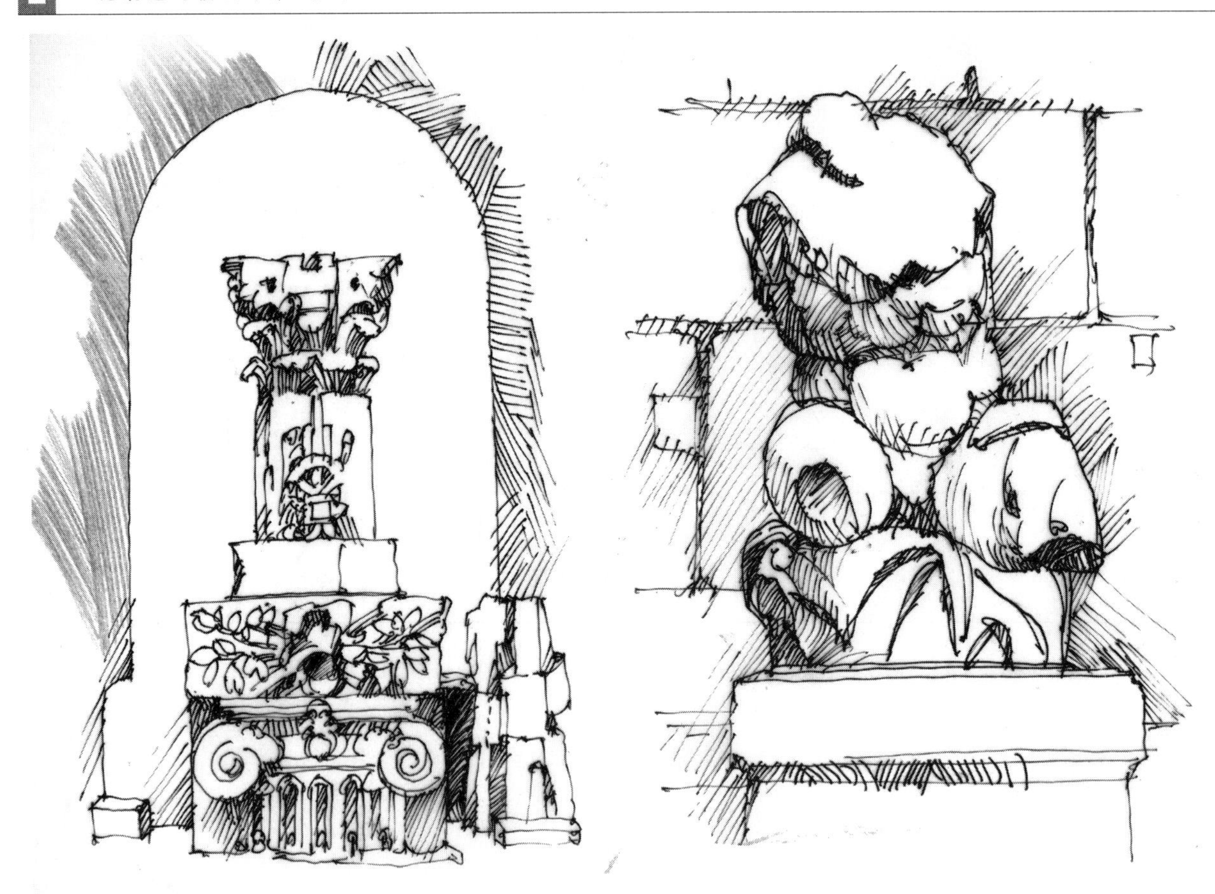

在建筑速写中，明暗的对比与空间的表现有着直接的联系，所以在构图中，我们不能只停留在形态的构图阶段，而忽略了明暗在构图中的作用。实际上，明暗也是组成构图不可或缺的重要元素。这幅画面描绘奥地利古城萨尔茨堡教堂前雕塑的场景，就很好地利用明暗关系表现了现场特殊的宗教氛围。

法国南锡主教堂，在画稿完成以后，在计算机上做了一些后期处理，增加了一些暗部。随着时代的发展，在建筑快图中一定会涉及计算机后期处理，这方面也要看作者修养、审美和综合技能。只有把握得恰到好处，不留痕迹，才能够达到最好的效果。

D 图底关系

在建筑速写中利用图底关系组织画面是比较常见的表现手法，图底关系实际上也是明暗关系的另一种表现形式，图可以是暗部也可以是亮部，反之，底可以是亮部也可以是暗部。同时，这种明暗关系是可以转换的，这种转换可能会给画面带来更为丰富多彩的效果。图——有突出性，密度高，有充实感，有明确的形状和轮廓线。底——有后退性，密度低，无明确的形状和轮廓线。

德国汉堡街景。深色的雕像为图，浅色背景为底，画面通过明暗关系的对比表现了逆光环境下的雕塑。

用疏密关系来表现对象时，要注意对象的自身条件，根据画面的需要进行描绘。这幅表现教堂前雕塑画面的图底关系和左页图相反，为了突出主体，用密的线条为底反衬主体，主体抽象雕塑为图，没有琐碎的细节，寥寥几笔恰到好处。如果主体结构已经很复杂，再用密线条来衬托它，不但突出不了主体，反而使画面更加一团糟。

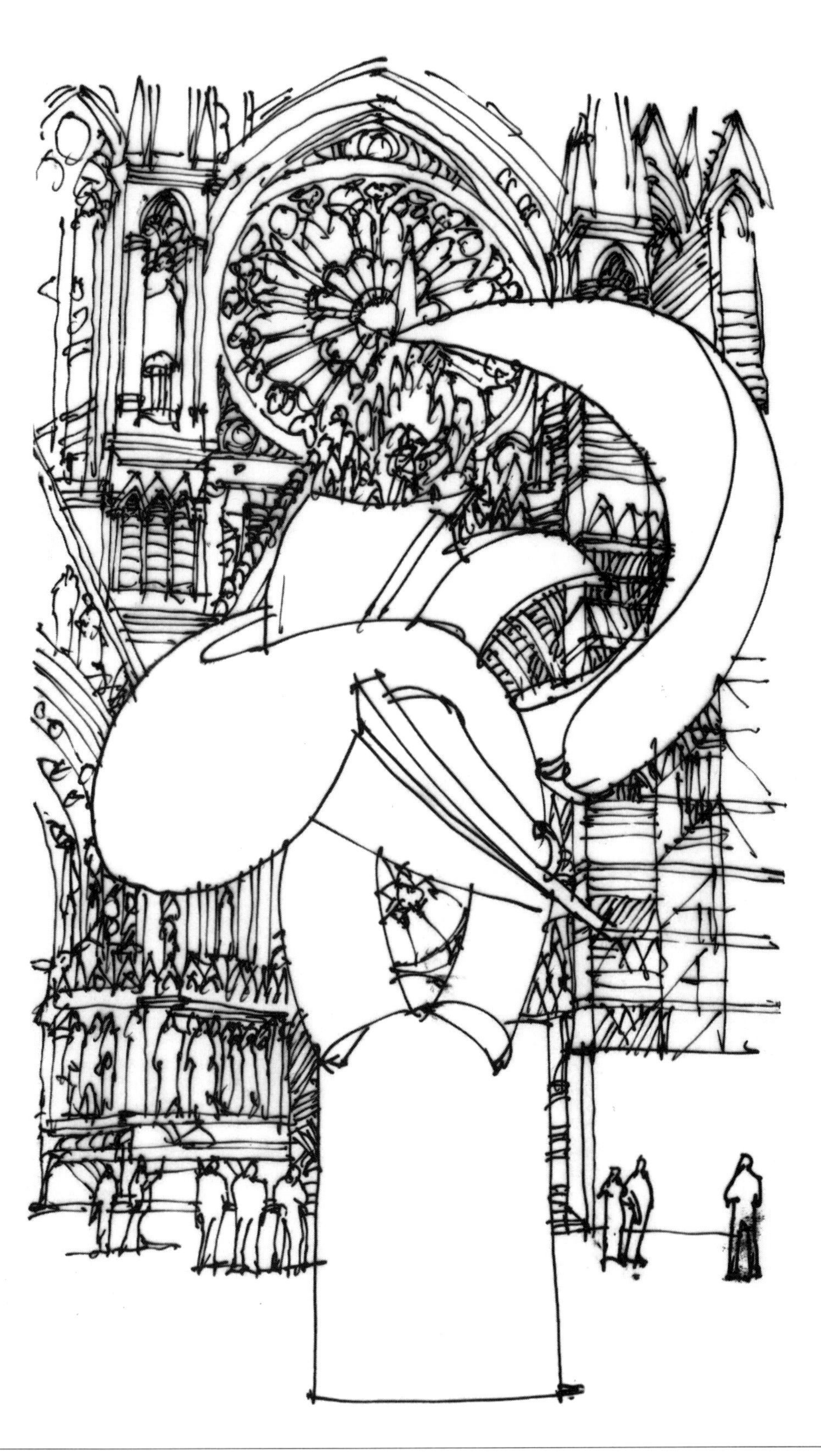

建筑速写与其他速写的不同之处，就在于它是以表现建筑的美为第一目的的。要真实地描绘对象，任何过分的夸张、变形都是不适宜的，这是因为，不同的建筑物有着不同的风格和特点。它的美还表现在建筑的尺度、比例、形体、空间等与建筑相关的因素上。故宫的角楼，以写实、朴素、厚重的语言表现了古建筑的沧桑。

下图表现了重庆人民大会堂的正立面。背景以泥点描绘了富有装饰性的图案，使整个画面呈现出一种热情奔放的意境。

钢笔建筑速写相对不强调表现对象的固有色，一般而言，在画面上安排黑、半色调、白三种调子即可。这种主观的调节，不会影响物体的表现，反而是建筑速写中以少胜多、留有想象余地的艺术魅力所在。很多情况下，明暗关系是根据作者主观意念创作的。下图描绘的比利时根特市中心场景，与现场照片在明暗关系上是截然不同甚至是相反的。照片中雕塑的暗被作者改变成了明；而背景建筑的明则被密集的线条画成了暗。虽然侧重点不同，但并未影响画面的整体效果，反而使画面更协调、明亮从而富有立体感。

建筑速写风格形式

学习要点

建筑速写有多种多样的风格与形式，有的细腻严谨，有的粗犷豪放，作画的时间也可长可短。有些大师的手迹，寥寥数笔也不失为精品。初学者对于建筑速写的风格与形式不用刻意追求，只要扎实地打好基础，准确把握作品中建筑的造型、透视等关键问题，久而久之，自然就会形成自己的风格。在绘画形式上，则可以多加实践，以线为主、以面为主。线面结合等形式都可以根据作画时间的长短以及实际场景的需要来选择。

建筑速写有很多表现技法，既可以用细腻的笔触来刻画，也可以用粗犷的线条来表现。前者在用笔方面要求严谨工整，后者要求轻快活泼，因人而异，因人而好。有人用单纯的线描表现作品的潇洒；有人用明暗写实方法表现客观；有人用装饰变形方法表现新潮，其形式多种多样。建筑速写不仅仅是把客观景物忠实地展现出来，而且应该随着表现技能和创作理念的提高，逐步地将自身的情感作用于客观世界的表现，这样才能摆脱景物对表现的制约，才能获得真正意义上对客观景物的真实情感。讲到风格和艺术性自然会联系到作者的个性，一张优秀的建筑速写也应该有自身的个性体现。如果是千人一面的绘画手法，等于把画建筑速写当成了纯技术的工作，成了规范化的设计制图，这不符合艺术发展的规律。主观意识渗入建筑速写的过程是至关重要的。这种主观意识不是盲目的，而是建立在对客观景物真实感受的基础上，使平实无华的景物表现出一种耐人寻味的深意。因此我们提倡应根据不同的地域传统、不同的建筑物体、不同的季节气候、不同的场景环境，画出不同风格、不同表现手法的建筑速写。在具有一定的造型能力，熟练掌握绘画语言和绘画技巧后，可有效地发挥建筑速写准确、生动、轻松、随意、流畅、明快的特点，举一反三，就能创造出更多更美的形式，创作出有个性、有特色、有创意的建筑速写。

A 线条表现

线条是人类无中生有创作出来的多功能的绘画表现手段，是抽象思维结合形象思维的产物，是人的视觉将线条的形式感和物体的造型结合起来而导致的种种联想。线描是高度提炼的表现手法，不仅可以表现有形物象也可以表现无形的意象，因而成为绘画基本形式之一。以线条表现的建筑速写，以线条为造型的主要手段，用概括、简洁的手法利用线条的抑扬顿挫、粗细浓淡、曲直刚柔来组织物象的造型。近似中国画中的白描，要求线条流畅挺秀，不求整齐周全，单线、复线都是腕中见功夫，线要拉出，切忌描出，拉则坚挺，描则纤弱。由于工具不同，线条也各具特色：铅笔、炭笔的线可有虚实、深浅变化；毛笔可有粗细、浓淡变化；而钢笔最单纯，落笔生根、刚劲有力。由于画家追求不同，描绘的场景不同，有的线刚健，有的线柔弱，有的线拙笨，有的线流畅。以线条为主的速写并不完全排斥点和面,有些作者常喜用一些点来活跃画面，用一些面来辅助形体，是作者将自己的认识、理解和情感赋予所表现的物体以艺术化的主观意向。

白描画法是一种只用线条而不施明暗调子和排线的表现形式。这类建筑速写的特点是简洁、明快、轻松、肯定。技法初看似乎异常简单、信手拈来即可，实际却并非如此。只有根据不同对象的造型特征，做出周密的安排，才有可能画出好的作品。

以线条为主表现的现代建筑

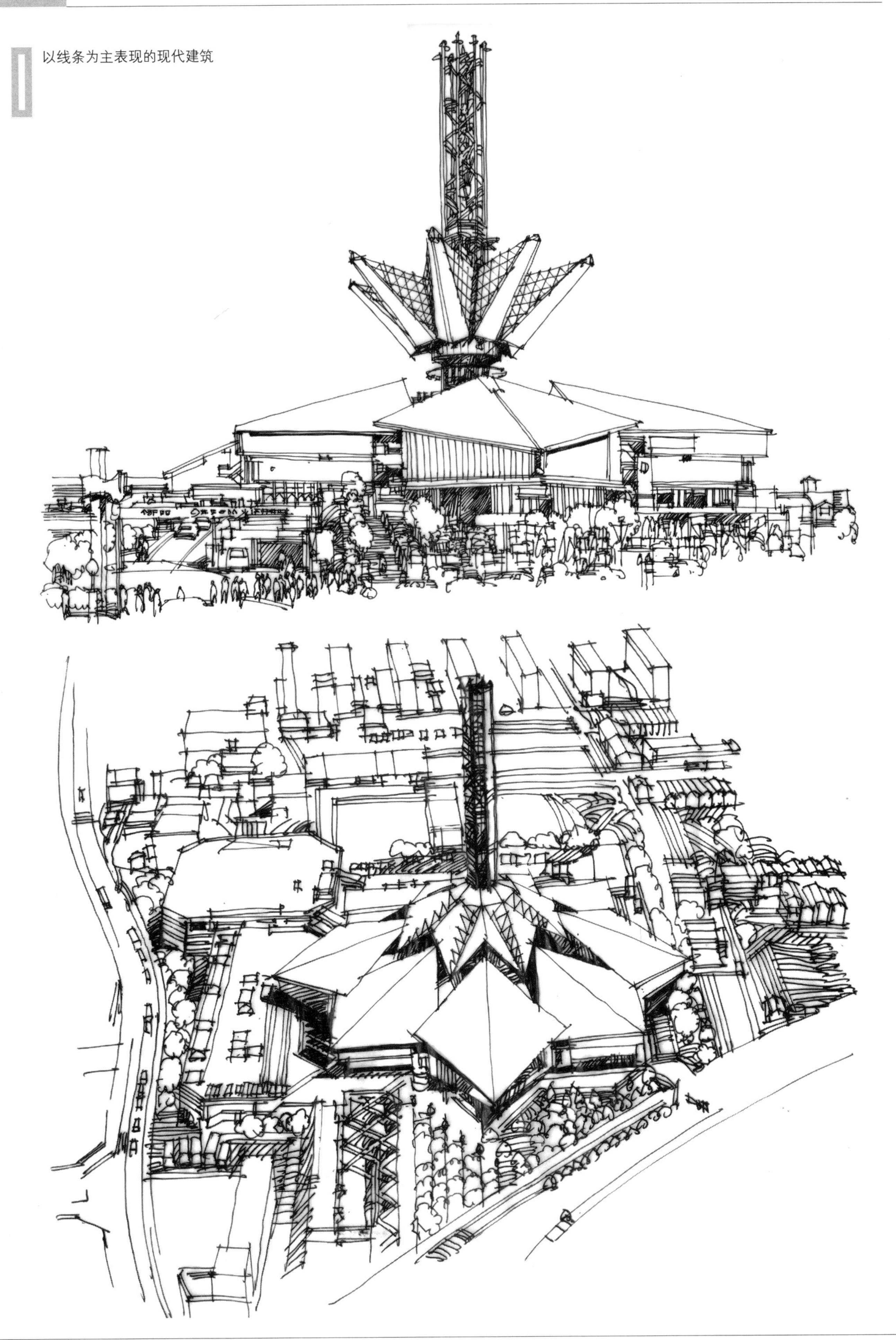

法国旅游城市桑斯景观，市政厅的尖塔高耸入云，是这座城市的象征。画面中市政厅及周边建筑构成了优美的轮廓线。

画面中沿街的两排建筑强有力的透视线，使画面形成一个倒三角形状，在其中心有一幅雕像，是画面的视觉焦点。

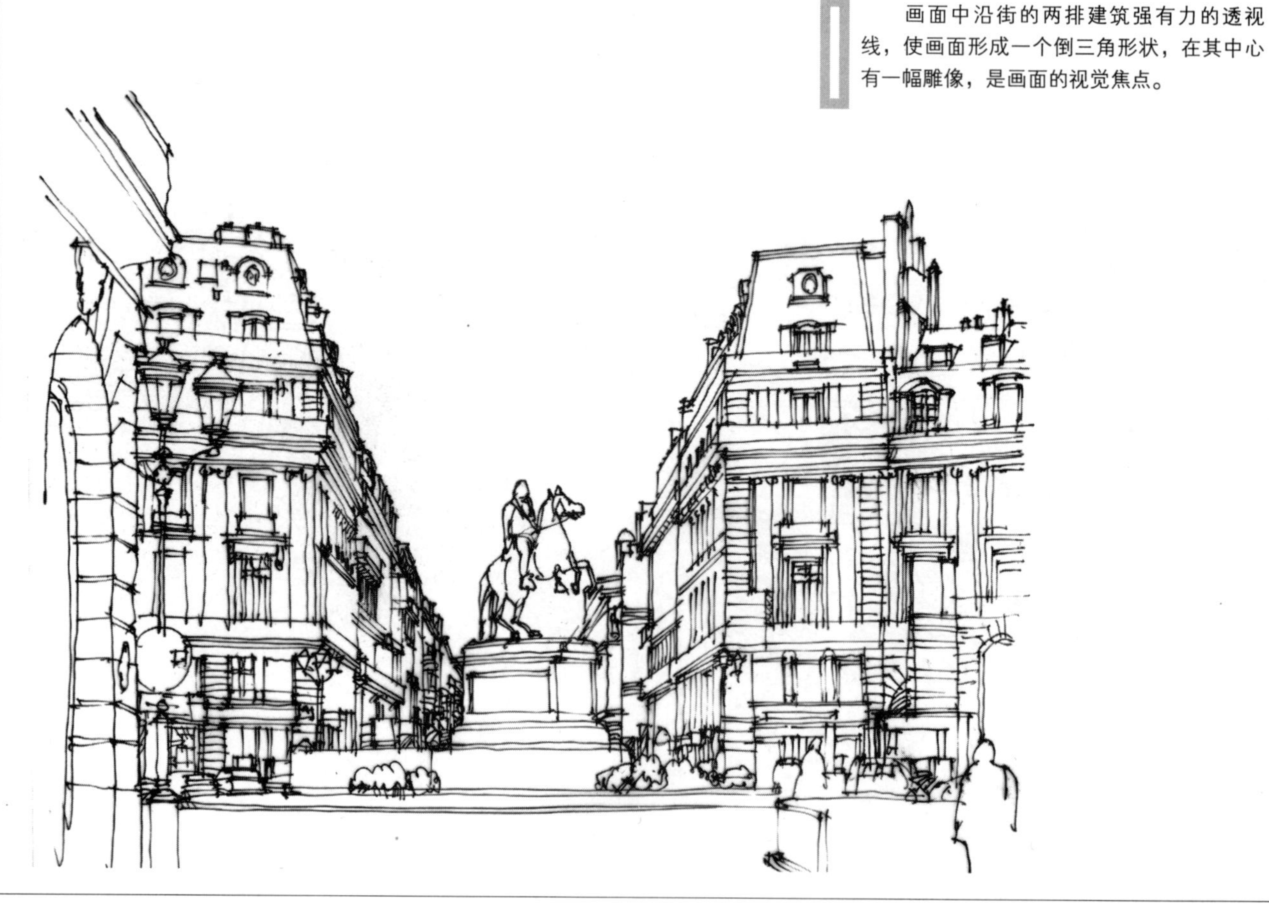

巴黎传统居民住宅一般有七层到八层，顶层阁楼及屋顶造型富有变化。在下面这幅图中，运用着重凸显的手法将这种特有的建筑风格表现出来，画面水平方向分为三段，阁楼及屋顶和车辆行人被着重刻画，以密集的线条形成灰色，同时淡化了对树的描绘。一幅画面如果被实体对象塞得满满的，没有一点空白，就会给人一种压抑的感觉。画面上空白留得恰当，才会使人的视觉有回旋的余地，思路也有发生变化的可能。空白留取得当，会使画面生动活泼，空灵俊秀。

巴黎阿拉伯研究中心，画面着重刻画了人物与车辆，渲染了整个街区环境的氛围。

蒙特卡洛是摩纳哥的历史中心，也是世界著名的赌城。1863年建立的蒙特卡洛大赌场是世界四大赌城之一，同时，也是人们趋之若鹜的旅游胜地。虽然以博彩出名，但蒙特卡洛的文化气息更令人流连忘返。建于1879年的蒙特卡洛歌剧院，豪华气派，是欧洲最著名的音乐殿堂之一，每年1月至4月都要上演高质量的剧目。蒙特卡洛国际马戏节同样享誉世界，可以说是创造了一种新的生活艺术，把地中海的浪漫风情和东方的智慧，融入了蒙特卡洛精神之中。下图描绘的是蒙特卡洛主体建筑，画面线条的组织井然有序，疏密得当，对环境做了高度概括处理，使主题建筑物更加鲜明突出。作者强调了线的变化，并很好地反映出场景各部分的特征，画面表现完整。

用线描画建筑速写，看似简单，其实难度不小，要注意画面中线条的运用和画面疏密关系的处理。初学者在作画时，由于对整个画面的构图掌握不好，往往落笔比较随意，面对物体，寥寥数笔，仅仅勾勒个大概，行笔也比较快，画出来的线条显得很飘，不够扎实。正确的画法是先用铅笔淡淡地打出草稿，做到心中有数，再用肯定的实线刻画，行笔有快有慢，线条有紧有松，才能够真实地再现客观场景。下图描绘的是哥本哈根市政厅广场，城市的核心区域，也是步行街的起点。在步行街的两侧店铺鳞次栉比，各具特色，令人目不暇接。奔放的笔触、洒脱的线条表现出现场热烈的氛围。

B 线面结合

面对实际场景进行写生，我们除了将精力倾注在对象的结构和形态特征的刻画上以外，也不应忽视对明暗、阴影的描绘。毫无疑问，明暗也是构图的组成部分。有一种建筑速写，在线的基础上施以简单的明暗块面,以便使形体表现得更为充分，是线条和明暗相结合的速写。它是一种既综合两种方法的优点，又补其二者不足的手法，这种画法的优点是比单用线条或明暗画更为自由、随意、富有变化，适应范围更广。线比块面造型具有更大的自由和灵活性，它抓形迅速、明确，而明暗块面又给以补充，赋予画面力量和生气。所以线条和明暗相结合的速写，就像此起彼伏的弦乐二重奏那样默契、和谐。这种线面结合的画法，既很好地完成了表现对象轮廓、结构特征的首要使命，同时又有了锦上添花的效果。它比单纯的线描更显得灵活、生动、丰富，尤其有利于优化画面主次、虚实、层次的表达，从而能够适应对变幻无穷客观万象的表现。建筑速写往往由于受到时间以及环境条件的限制，不太可能在现场做过多的明暗刻画。因此，这种形式的画法，更适合在室内案头对建筑速写做后期处理。

明暗关系在建筑速写中起着重要的作用，它能使画面主体部分有机地显现出来，使前景、中景和后景产生紧密联系，体现互为依存、相互呼应的效果。

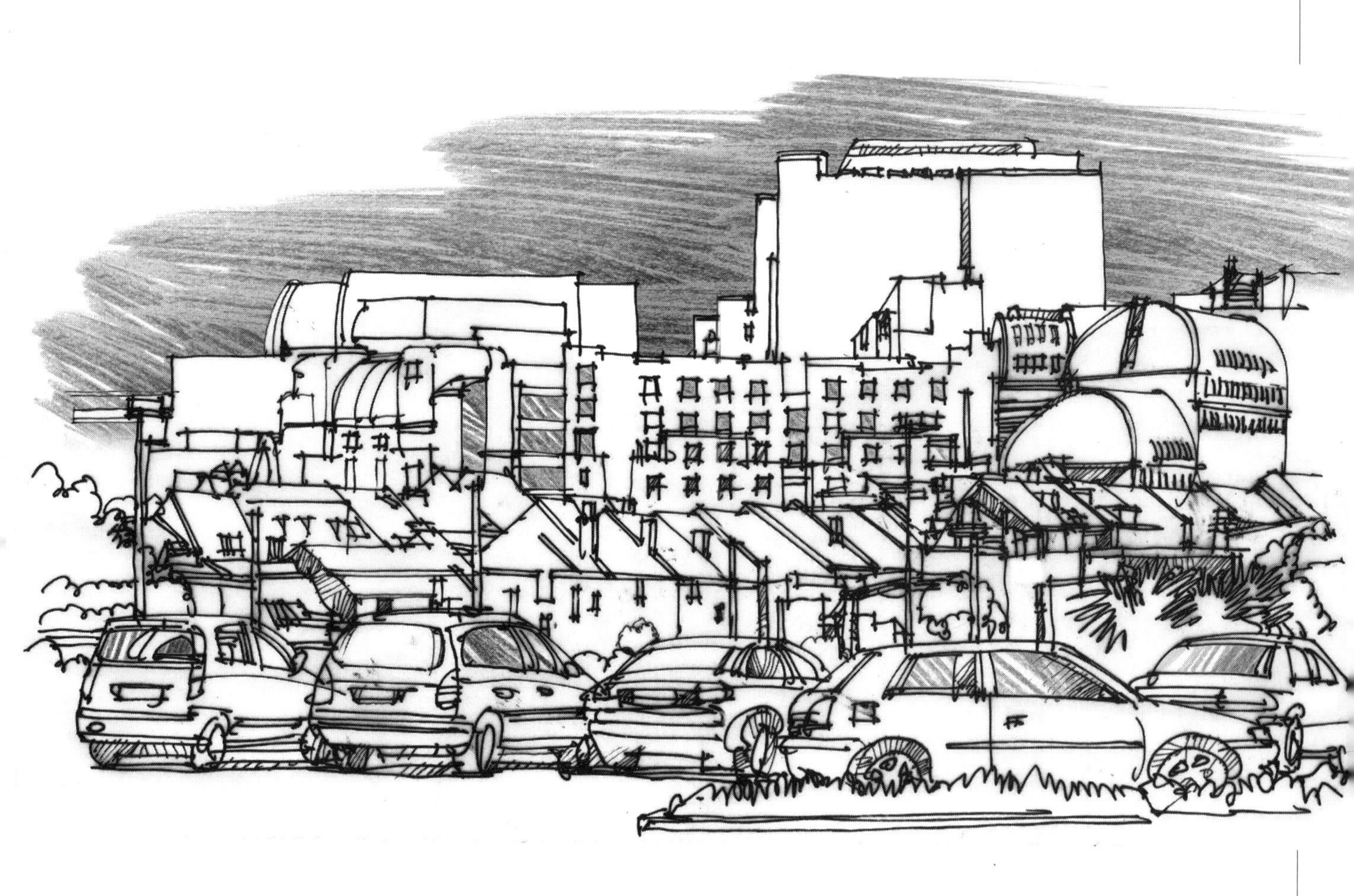

下图描绘的是罗马四喷泉圣卡罗教堂，这座在建筑史上有一席之地的教堂由建筑大师波洛米尼设计，修建于1638年至1641年。这座教堂是巴洛克风格建筑的杰作，教堂坐落在罗马斐理斯路和皮亚路交叉路口的一角狭小地基上，因此设计了十字平面和不平常的凸凹形的正立面。这个十字路口四角的建筑都有一组面对中心的浮雕喷泉，所以，名叫四喷泉圣卡罗教堂。画面注重细节刻画，线条的疏密排列，能展现独特的感人意境。这种排列不是随意的组合，而是根据建筑的造型而进行的。利用明暗调子与线结合的建筑速写，使画面更具有层次感及节奏感，也有利于表达光影关系。

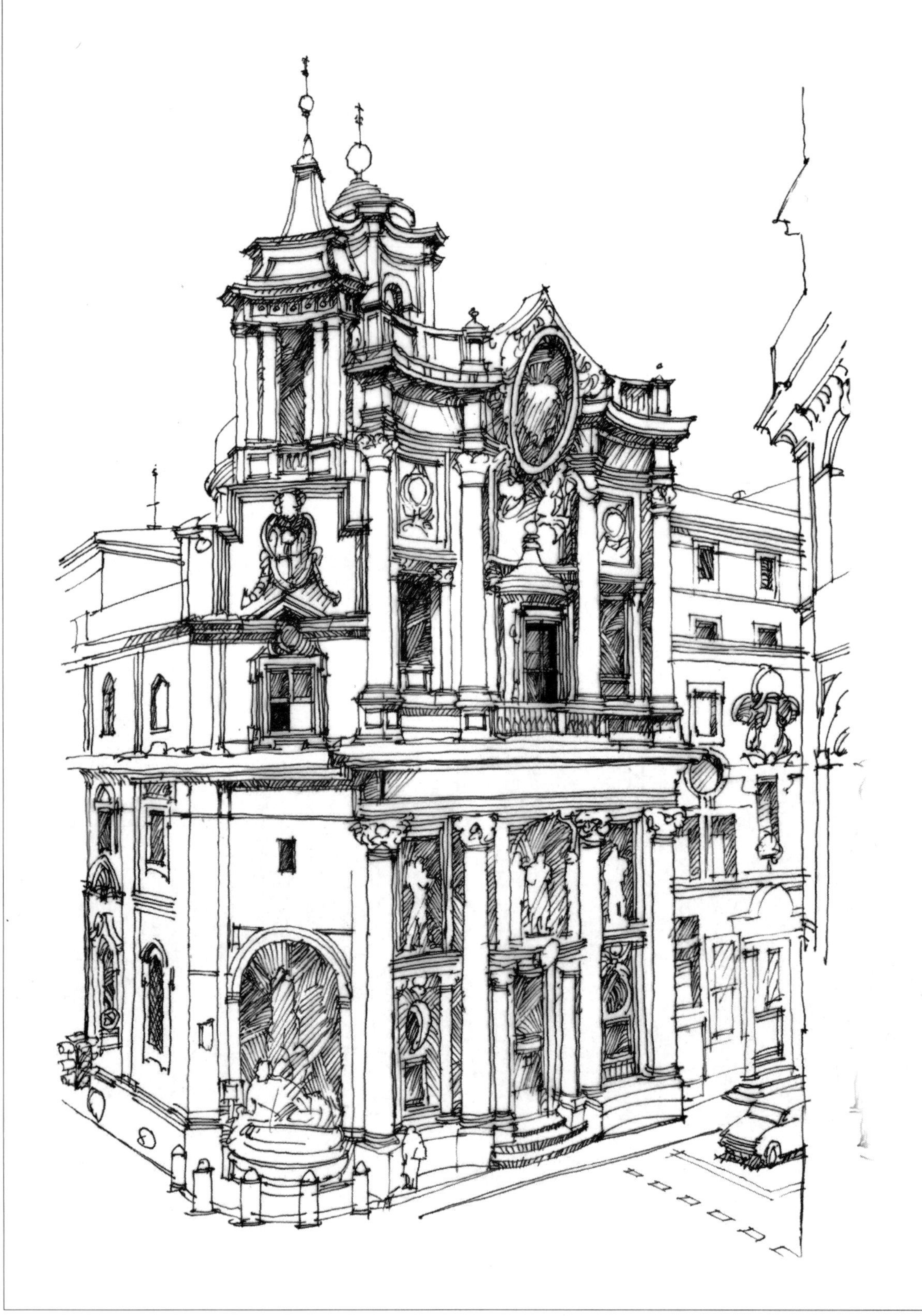

罗马斗兽场，建于公元72年—80年间，是古罗马文明的象征，遗址位于意大利首都罗马市中心。从外观上看，它呈正圆形；俯瞰时，它是椭圆形的。它的占地面积约2万平方米，斗兽场的看台位于用三层混凝土制成的筒形拱上，每层有80个拱，形成三圈不同高度的环形券廊，最上层则是实墙。其长轴长约188米，短轴长约156米，圆周长约527米，围墙高约57米。这座庞大的建筑可以容纳近9万的观众。建筑速写，往往是从局部着手，逐步进入整体的过程，所以，从什么地方起笔就显得非常重要。在作画之前，必须对此进行充分考虑。在此景描绘中，前景路灯透视很重要，增强了进深感，并为主体建筑的刻画留有一定的余地，为表现中景提供良好的基础。中景描绘始终要关注前景在画面中的作用，除了形体结构与透视变化要表达准确之外，运用的笔势要做到疏密有序。为了使画面更富有节奏感，主题更清晰，可以将实景中某些细节及光影细致润色，以强化艺术效果。

以钢笔和铅笔相结合的建筑速写，钢笔画实的部分，铅笔画虚的部分，各自展现出自己的优势，相得益彰。这种方法能够很快地描绘出画面的黑、白、灰关系，使画面呈现一种特殊的艺术效果。

法国兰斯圣母院主教堂位于巴黎东北的兰斯市，建于13世纪。这座教堂以形体匀称、装饰纤巧而著称，是法国最漂亮的哥特式教堂。由于在法兰西王国时期（公元888—1792年），国王的加冕仪式常常在兰斯圣母院教堂举行，因此该教堂曾被称为“最高贵的皇家教堂”。这是一座闻名遐迩的哥特式教堂，下图画面采用线面结合的手法，正立面刻画得非常仔细充分，把这一古典建筑表现得结实有力，富有很强的立体感。

德国汉堡市政厅旁边的河边景观，弧线的台阶，高耸简洁的纪念碑，是一处很好的立体构成式的环境景观。画面以线条描绘出光影关系，给人以一种轻松、愉悦的感觉。

英国伦敦劳埃德保险公司办公楼是一幢典型的高技派建筑，现代的设计语言、新颖的建筑材料构成了一个充满科技气息的场景。画面注重虚实关系，着重刻画了建筑的重点装饰部位，而对场景的其他部分则采用了比较概括的笔调，使画面松紧有序、有张有弛。

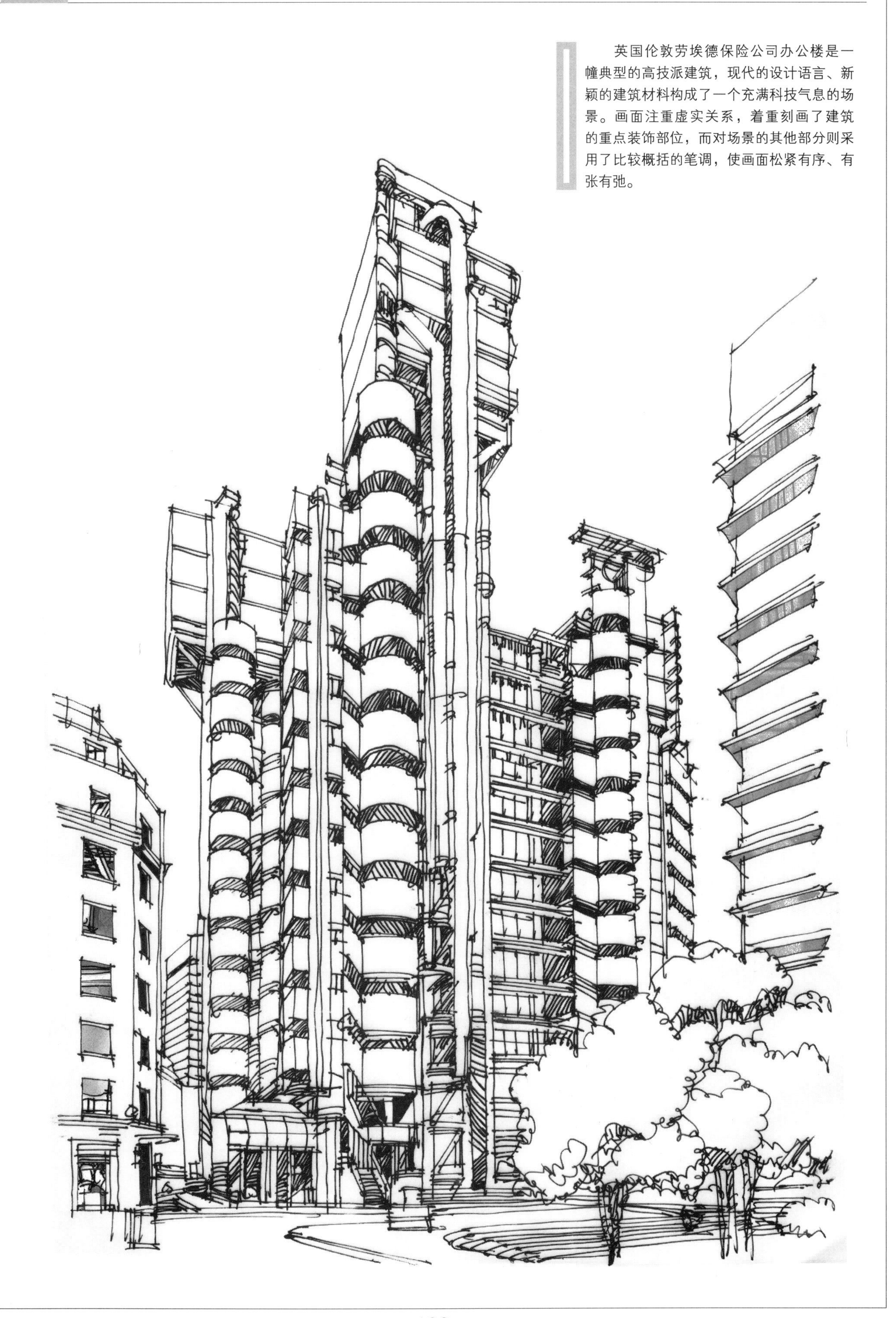

传统民族建筑中的木结构与雕花给绘画增加了很大的难度。作者大胆取舍，强化主体，在把握住画面整体效果的同时，建筑细部也成为作者表现的重点，整个建筑的结构、透视、比例都很严谨，强烈的黑白对比强化了建筑物的结构和空间。画面在处理明暗关系时由上自下采用了重、轻、重的变化，这样就形成了整体节奏感。假如画面在明暗关系上采用平均对待的办法则比较呆板，这和色彩渲染中的退晕有着异曲同工的效果。

建筑速写同其他绘画写生一样，在取景时要注意主体景观的位置与大小关系，不能没有主次。例如，我们从俯视的角度来表现一座城市的面貌，首先要选择最能代表该城市的景观，至于其他次要景观可以当作衬景来表现。我们在取景中只有抓住城市具有代表性的建筑与景观，才能表现出该城市的特点与风貌。这幅描绘城市旧城改造的鸟瞰图采用了大小块面的对比手法，以新的建筑群挺拔简洁的高层建筑来衬托旧城区的零乱、低矮、密集的房屋，使整个画面充满视觉冲击力。

在建筑速写中，较大城市场景运用水平构图形式的比较多，因为它比较符合一般的视觉要求和心理习惯，它的特点是给人平衡、平静、安宁的感觉。这是西班牙山城托莱多。

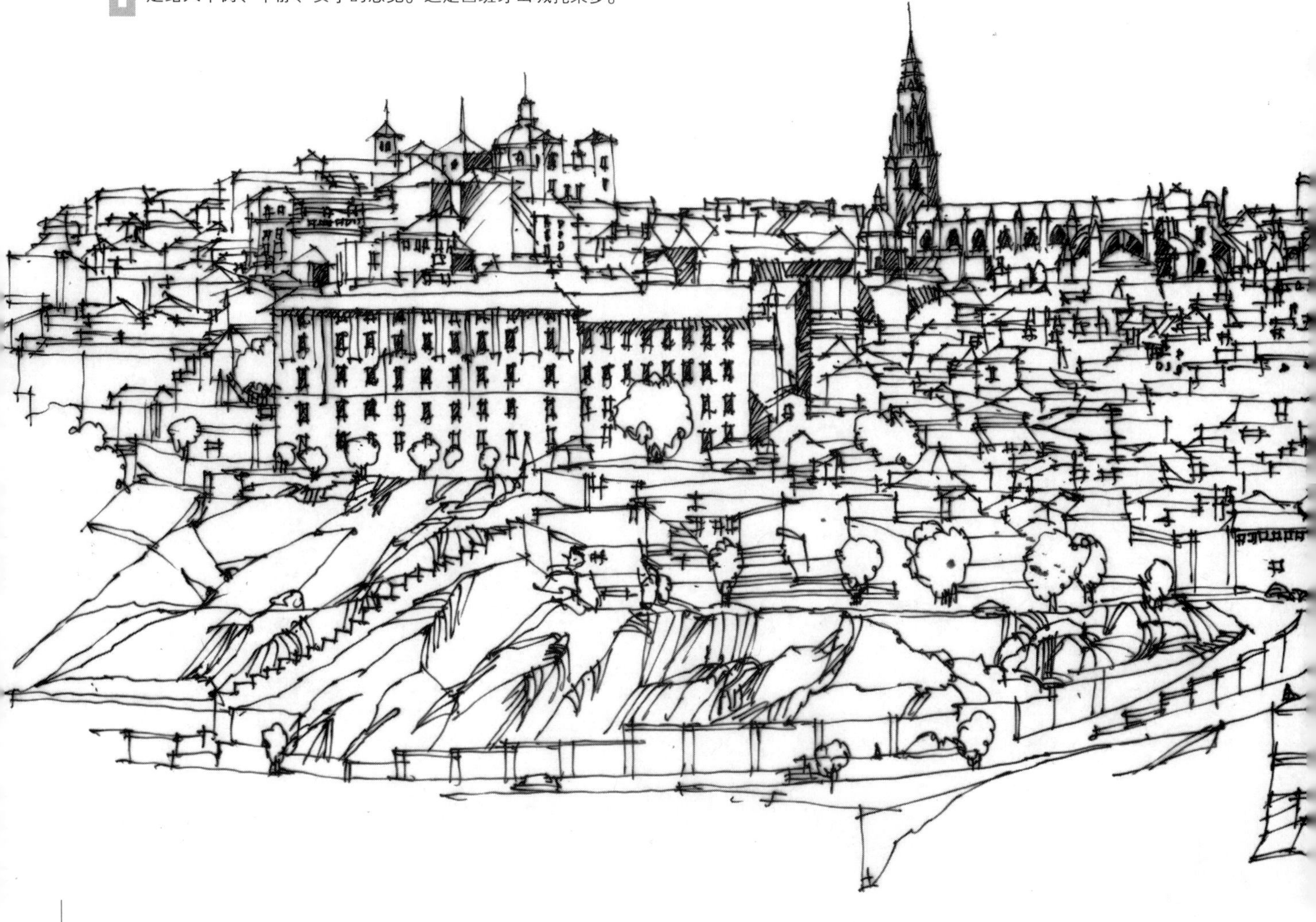

这里描绘的是巴黎卫星城圣丹尼街景，画面主要取景于两条街区的交汇点，使其呈现出两组不平行的透视线，很能反映当地街区的特色。画面着重刻画了底层门面、行人和汽车，很好地反映了小城生机勃勃的商业气息。

这里描绘的是典型的巴黎临街居民住宅，整个画面表现得都比较充分，对于建筑的底部和富有变化的顶部用了更多的笔墨。画面中充满了不太长且方向一致的排线，构成了这幅画的特色。

这里描绘的是巴黎路易十三广场周边建筑。画面采用素描画法，注重光影关系的刻画，钢笔线条排线方向与光线的照射方向一致，并适当加强明暗交界线的处理，把这一古典建筑深色清水墙面及屋顶上富有地域特征的建筑造型表现得淋漓尽致。

这里描绘的是四川九寨沟民居及商业门面，画面注重铅笔线条表现明暗，并在中心大块留白，加强了画面的明暗反差。

四川九寨沟民居，在作画过程中，为了使画面构图更完整、主题更凸显，将实景中有损画面效果的东西去掉，把对画面有益的东西搬进来，并特别细致刻画了民居屋顶的瓦片。这是民居的具体细节，能充实画面内容。这种方法是构图中非常有用的手段。

四川九寨沟民居在作画过程中，注重画面的明暗关系，用铅笔画出各个层次，力求画面表现力更加充分饱满。

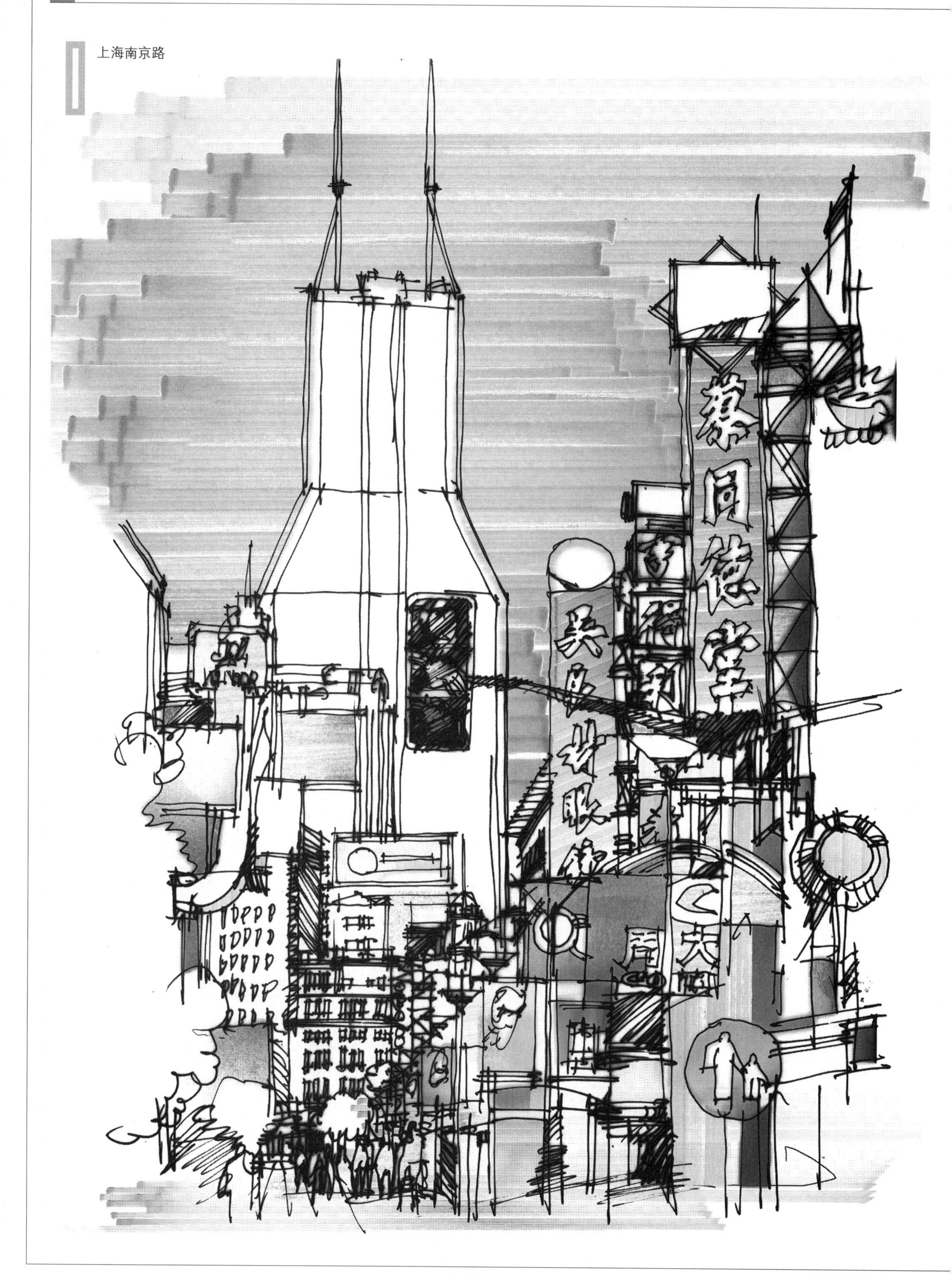

上海南京路

四川成都锦里

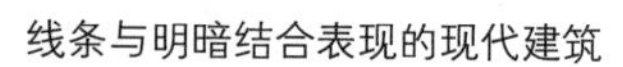

线条与明暗结合表现的现代建筑

线条与明暗结合表现的现代建筑

德国慕尼黑街景

西班牙马德里太阳门广场

俄罗斯基督复活教堂（圣彼得堡滴血大教堂）

雨中上海四川路

C 装饰风格

造型艺术中创造艺术形象的方式是多种多样的。如绘画借助于色彩、明暗、线条、解剖和透视；雕塑借助于体积和结构等。这些方式，通过长期的艺术实践，形成了造型艺术各具特色的艺术语言，并决定了这些艺术各不相同的表现法则。建筑速写与其他种类的视觉艺术并没有本质上的区别，也有丰富多彩的表现形式。装饰性的建筑速写，用纯粹的黑色与白色，充分调动其一切表现因素，包括面积分布和技法处理，借助抽象形态或具像形态的表现手段，用有限的黑白两色表现出多种明暗关系，挖掘建筑速写作品的深层次美感。黑白两大系列的对比关系是建筑速写作品另一种深刻而又强烈的表现形式。

画面描绘的是葡萄牙首都里斯本的广场。运用装饰手法描绘出的广场明暗对比强烈、高度概括，比较简明地反映了现实场景。

毛笔所画的建筑速写粗犷有力，注重明暗关系和疏密关系的对比，如果运用得当同样能够表现比较复杂的场景。这种画面往往带有强烈的个性色彩。

强调几何形体的趣味性

画面着重强调明暗关系和疏密关系的对比，富有很强的装饰性。上图在竖直方向分为三段，以面积为对比要素；下图在水平方向分为三段，以明暗为对比要素，都给画面带来了节奏感和韵律感。

法国鲁昂市中心圣女贞德教堂。建筑集教堂、走廊和菜场于一身，大量的曲面结构极富现代感和装饰性。画面采用线面结合的素描画法，在明暗处理上很多地方都遵循了“遇明则暗，遇暗则明”的规律，使画面既富写实性又有装饰性。

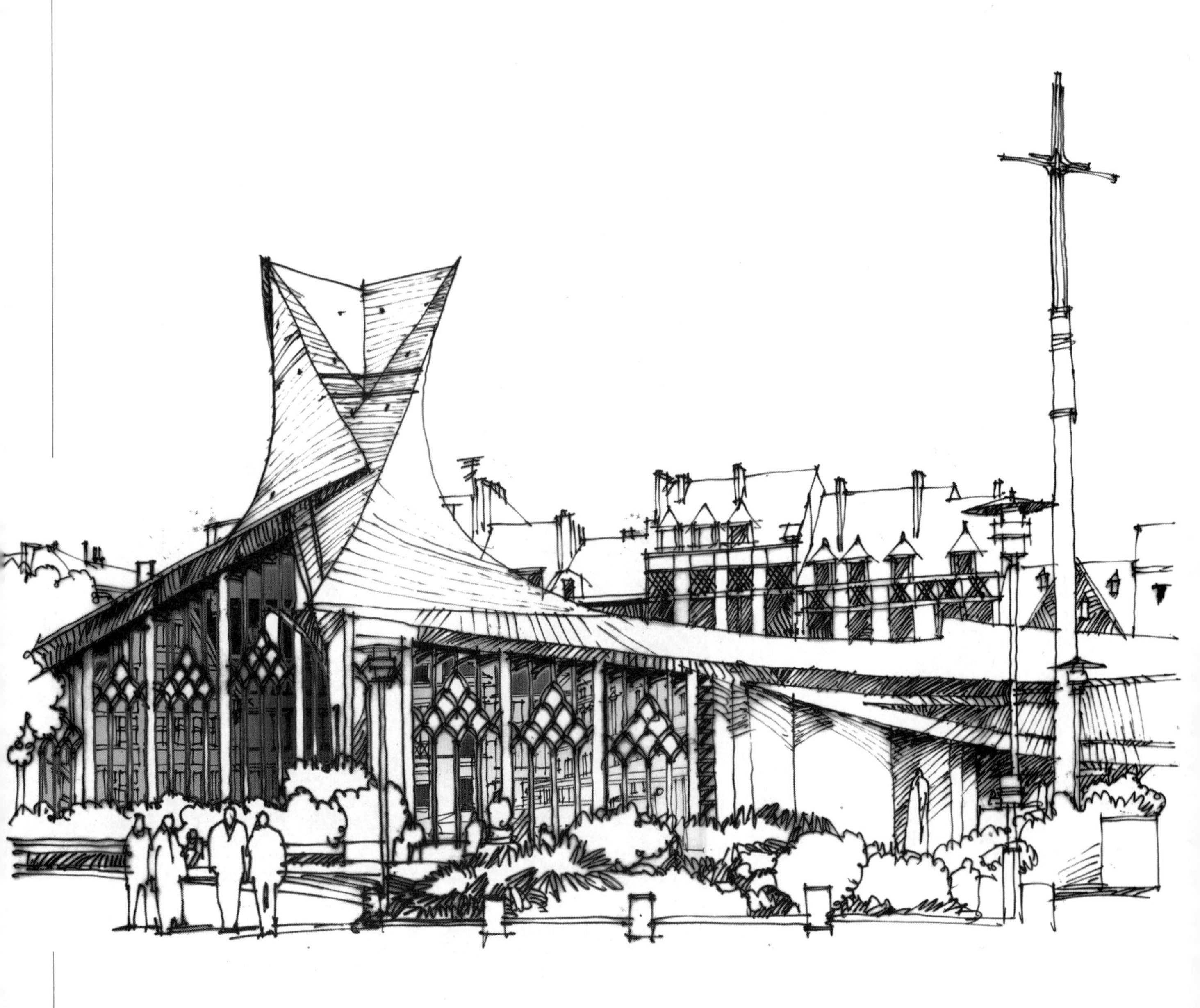

画面采用黑白对比的手法，吸收了版画艺术的理念，极富装饰效果。

城市商业中心夜景。采用黑白对比的装饰风格，只用黑白两色也同样能够表现比较复杂的场景。

德国与瑞典建筑

画面以明暗对比、线面对比、疏密对比的手法强调了图底关系和前后关系。

上图为线面结合的手法，描绘了光影关系。下图虽然是以线条为主的画面，但在线条的疏密关系上做了一些处理，从而暗示了光影效果。

法国鲁昂市中心圣女贞德广场边的咖啡屋，画面采用了明暗对比的手法，很好地表现了这一地区传统建筑的特色。

法国东北部城市斯特拉斯堡临河边的居民住宅，极具地域特色。用不同的表现手法所描绘的画面各具特色。

D 城市鸟瞰

建筑学、城乡规划学、风景园林学的同学在课程作业及设计实践中都会涉及鸟瞰图。鸟瞰图对于我们了解一个城市、一个街区、一个建筑与周边环境的关系有着其他视角无可比拟的优势。全新的顶视角的城市街区建筑体验完全颠覆了曾经在街道上以人的视角体验建筑与城市的方式。鸟瞰视角强调了建筑物第五立面形象的重要性，建筑的总平面图变成了效果图。通过体现阴影、透视、渐变、光影等明暗处理，来呈现城市街区建筑的总体布局、立体造型、轴线关系和主次关系。

意大利中部马儿凯省古山城洛雷托，洛雷托是一个1万多人口的小城镇。可是每年来朝圣者却不下几百万人，仅次于罗马。传说原建于以色列拿撒勒的圣母玛丽亚的故居，在受到土耳其军威胁期间，由天使迁移几次并于1294年落到此地的一片月桂林中，于是人们就在圣母故居盖起了一座教堂。由此，这里成长为一座城镇，取名洛雷托，即月桂林的意思。圣母故居教堂由文艺复兴建筑大师布拉曼特等人设计，用大理石砌就，宏伟而精美。从俯视图上看，城镇的道路蜿蜒曲折，只有山城才会呈现这样的情景。除教堂外，该镇只有一条狭长的街道，两侧林立着出售旅游纪念品的商店。

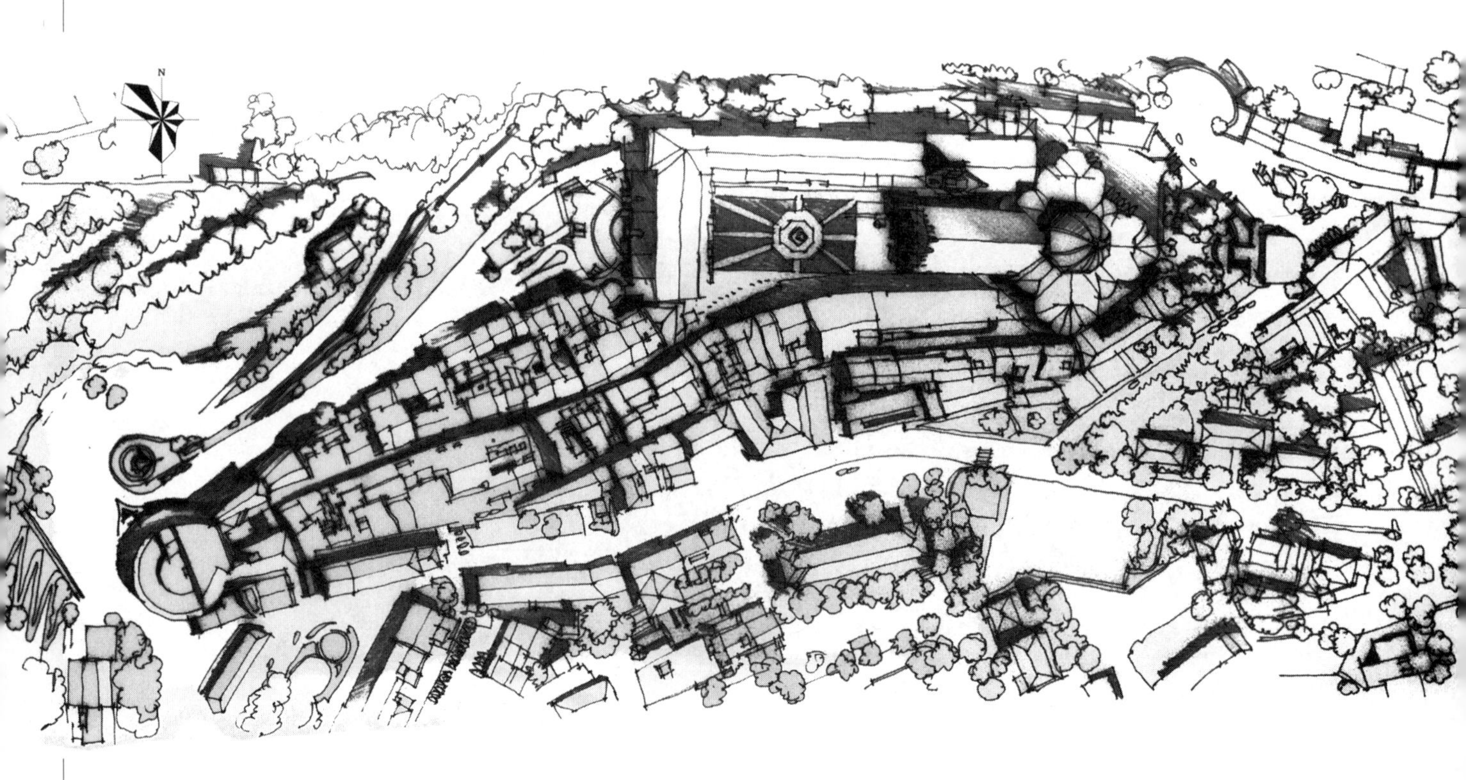

西班牙毕尔巴鄂古根海姆博物馆，1991年由美国建筑大师盖里设计，是盖里晚年炉火纯青的手法跃升到更高创作境界的重要作品。博物馆选址于城市门户之地——旧城区边缘、内维隆河南岸，与邻近的美术馆、德乌斯托大学及阿里亚加歌剧院共同组成了毕尔巴鄂城的文化中心。博物馆总面积达2.4万平方米，一进门便是个300平方米的高大门厅，用于举行招待会和安放永久性艺术品。里面的展厅分3层，采光很好。周围是附属设施，如餐厅、咖啡厅、商店、办公室等。此外，还有一个拥有350个座位的会议厅，用来放映电影或举行报告会。附属建筑都有门通向馆外，以便在非展出时间也能向公众提供服务。

毕尔巴鄂古根海姆博物馆的引人之处在于它的外形设计。从外表看，与其说它是个建筑物，不如说是件抽象派的艺术品。它由数个不规则的流线型多面体组成，上面覆盖着3.3万块钛金属片，在光照下熠熠发光，与波光粼粼的河水相映成趣。尽管建筑本身是个耗用了5000吨钢材的庞然大物，但由于造型飘逸，色彩明快，丝毫不给人沉重感。鸟瞰图以勾线为基础，加以光影明暗，使建筑物立体饱满，有助于完整地观察理解这个复杂的建筑与周围环境的关系。

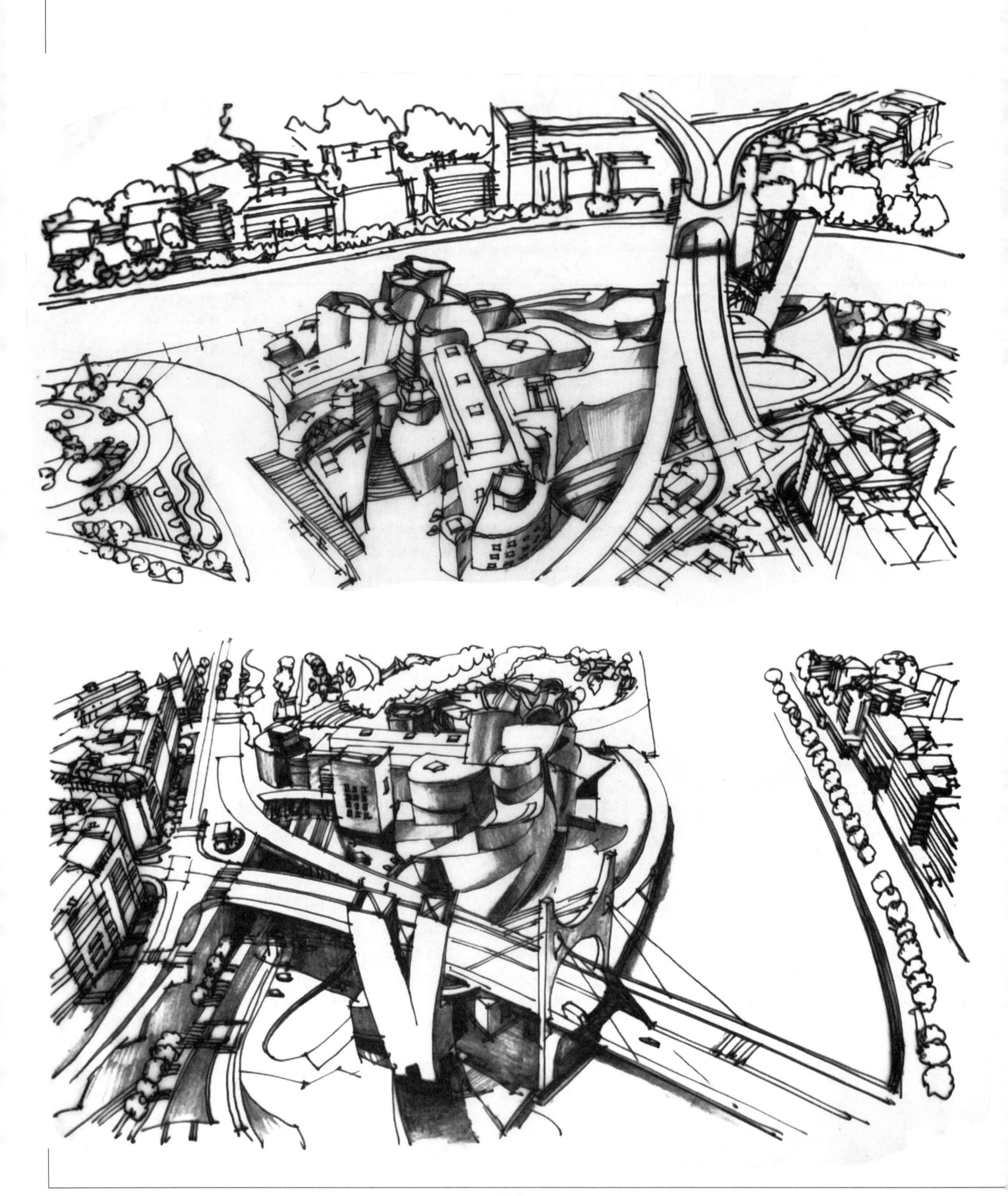

在毕尔巴鄂古根海姆博物馆在南侧主入口处，由于与19世纪的旧区建筑只有一街之隔，故设计师巧妙地采取打碎建筑体量过渡尺度的方法与之协调，解决了高架桥与其下的博物馆建筑冲突的问题。设计师将建筑穿越高架路下部，并在桥的另一端设计了一座高塔，使建筑对高架桥形成抱揽、涵纳之势，进而与城市融为一体。以高架路为纽带，盖里将这栋建筑沛然莫御的旺盛生命活力辐射入城市的深处。

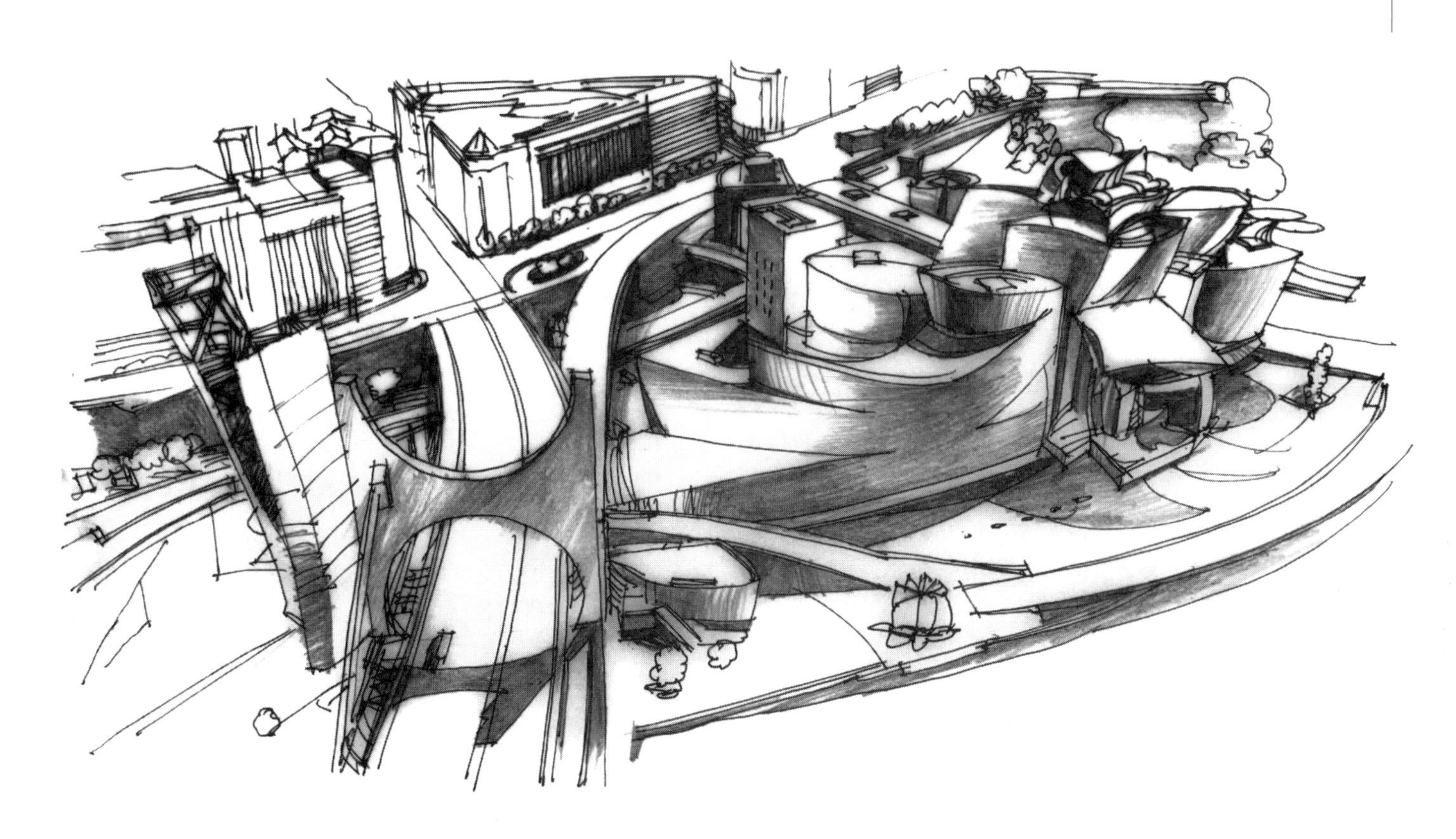

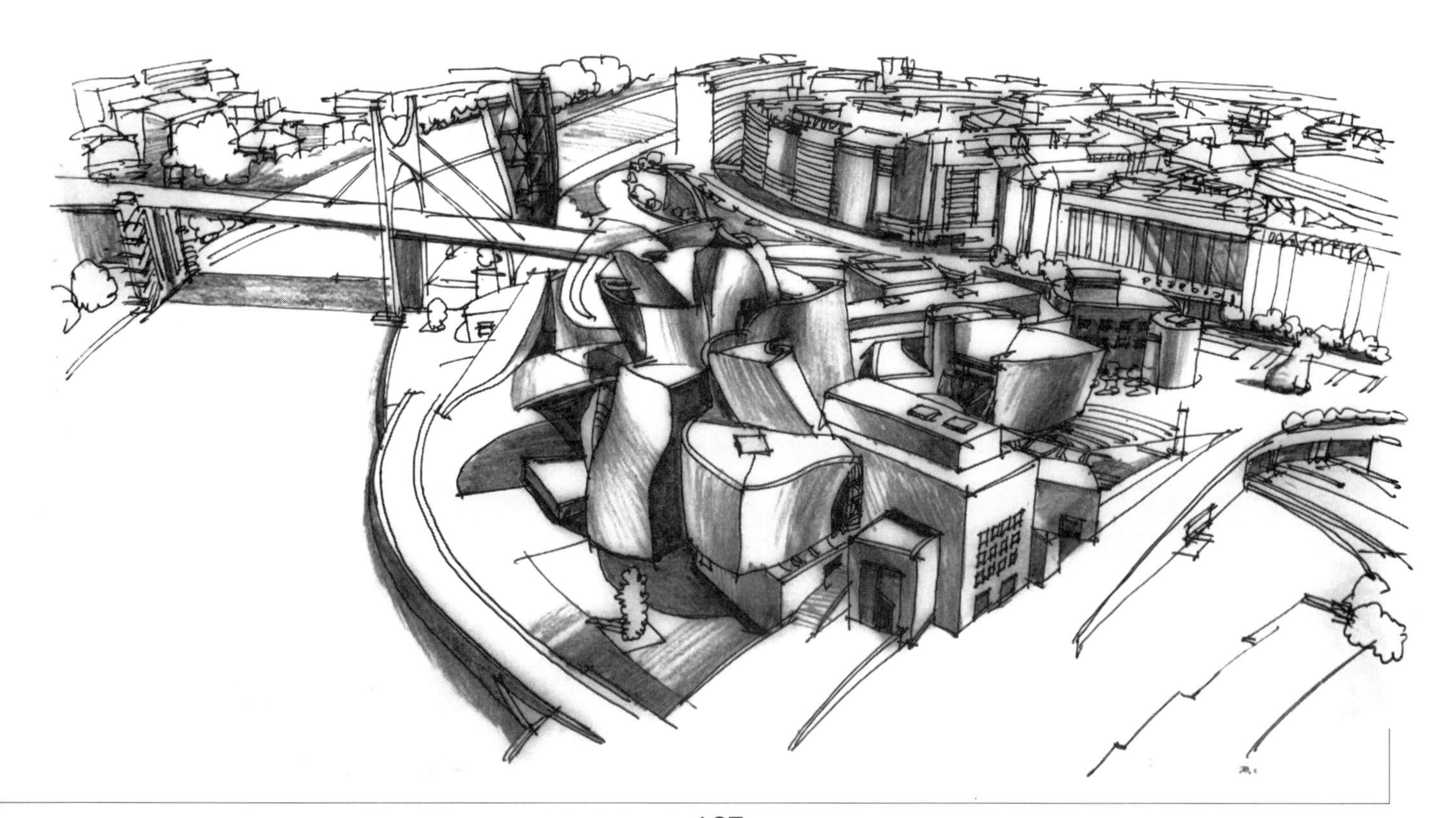

美国东海岸城市巴尔的摩位于切萨皮克湾顶端的西侧，离美国首都华盛顿仅有60多千米，港区就在帕塔帕斯科河的出海口附近。从这里经过海湾出海到辽阔的大西洋还有250千米的航程，但由于港口附近自然条件优越，切萨皮克湾又宽广，航道很深，万吨级远洋轮可直接驶入巴尔的摩港区。俯视图描绘了巴尔的摩城市最精华的部分，以黑色表示水面，这样的黑白灰画面更能够突出港区的设施、建筑、道路和环境与水面之间的关系。

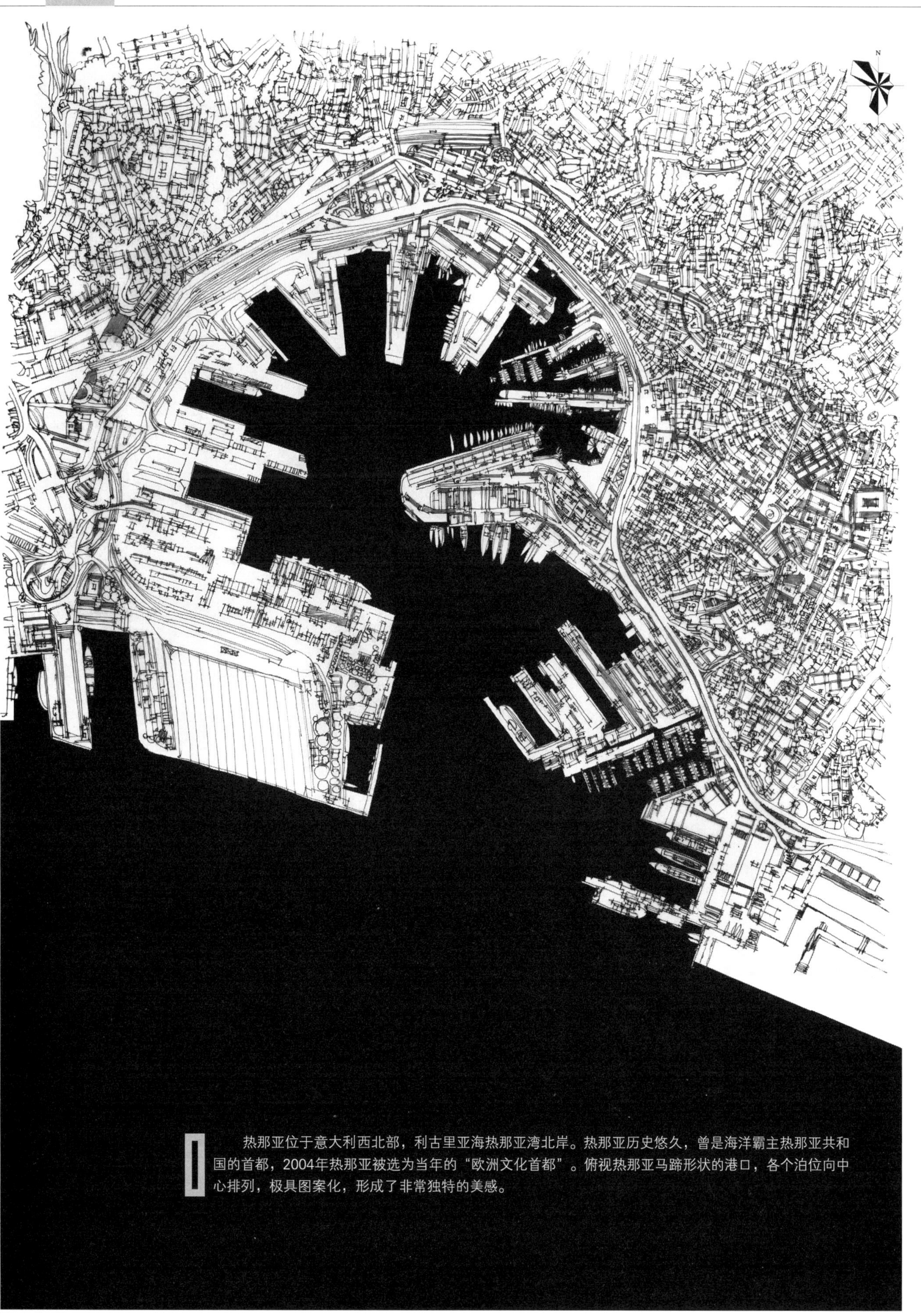

热那亚位于意大利西北部，利古里亚海热那亚湾北岸。热那亚历史悠久，曾是海洋霸主热那亚共和国的首都，2004年热那亚被选为当年的“欧洲文化首都”。俯视热那亚马蹄形状的港口，各个泊位向中心排列，极具图案化，形成了非常独特的美感。

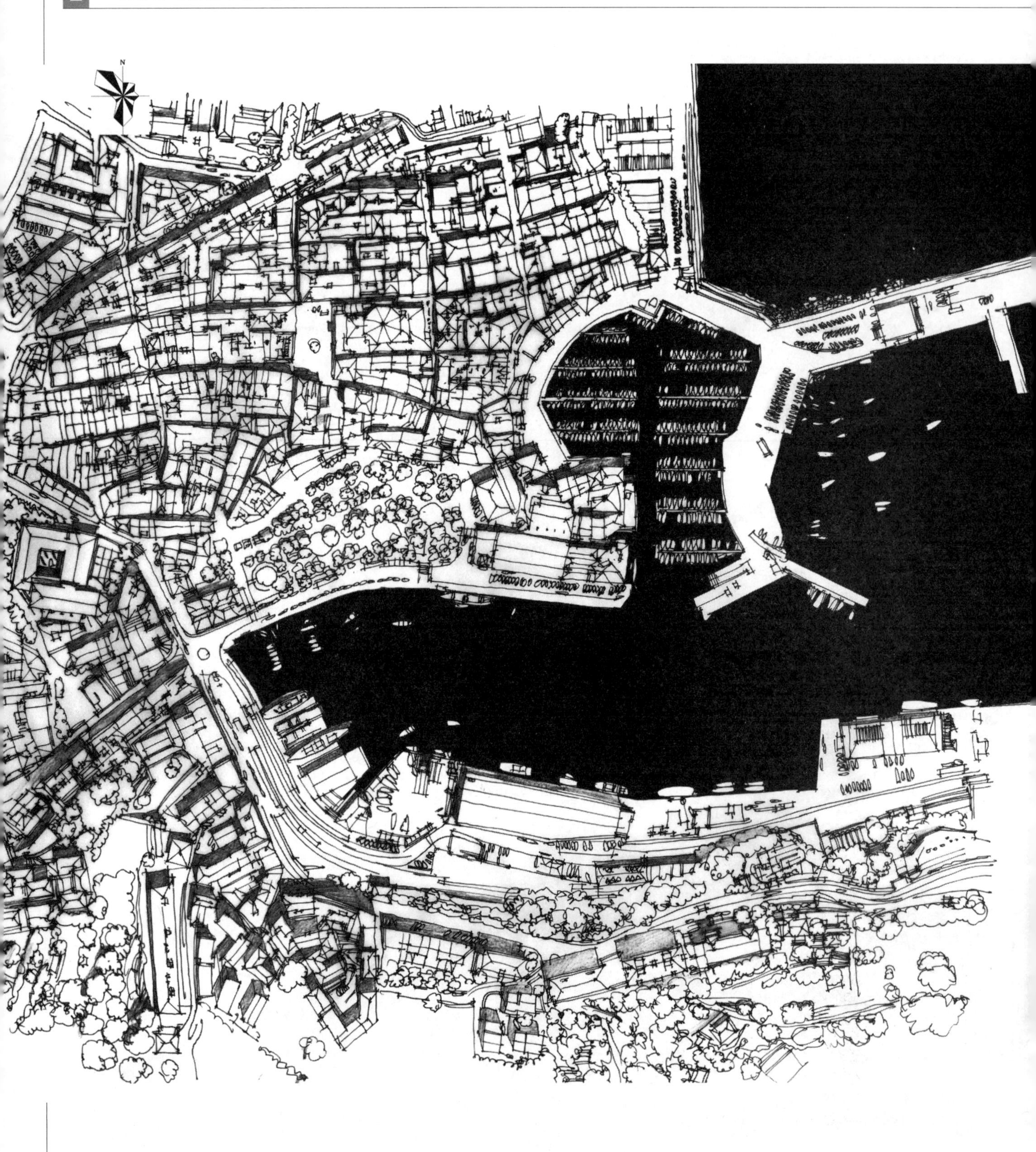

大西洋海滨小镇贝尔梅奥，是西班牙北部巴斯克自治区比斯开省的一个市镇,大的港湾里面有一个小的港湾，岸边蜿蜒曲折，呈现了丰富多彩的景观，可谓一步一景，步移景异。

1974年联合国大会决定将奥地利首都维也纳列为第三个“联合国会议城市”。奥地利政府经过6年组织施工，1979年建成了这座崭新的联合国维也纳办事处，并于1980年正式展开工作。整个建筑群以Y形为“母题”，各个建筑高高低低形成有机的结合。鸟瞰图以线条画出轮廓，以光影来暗示建筑的高低。

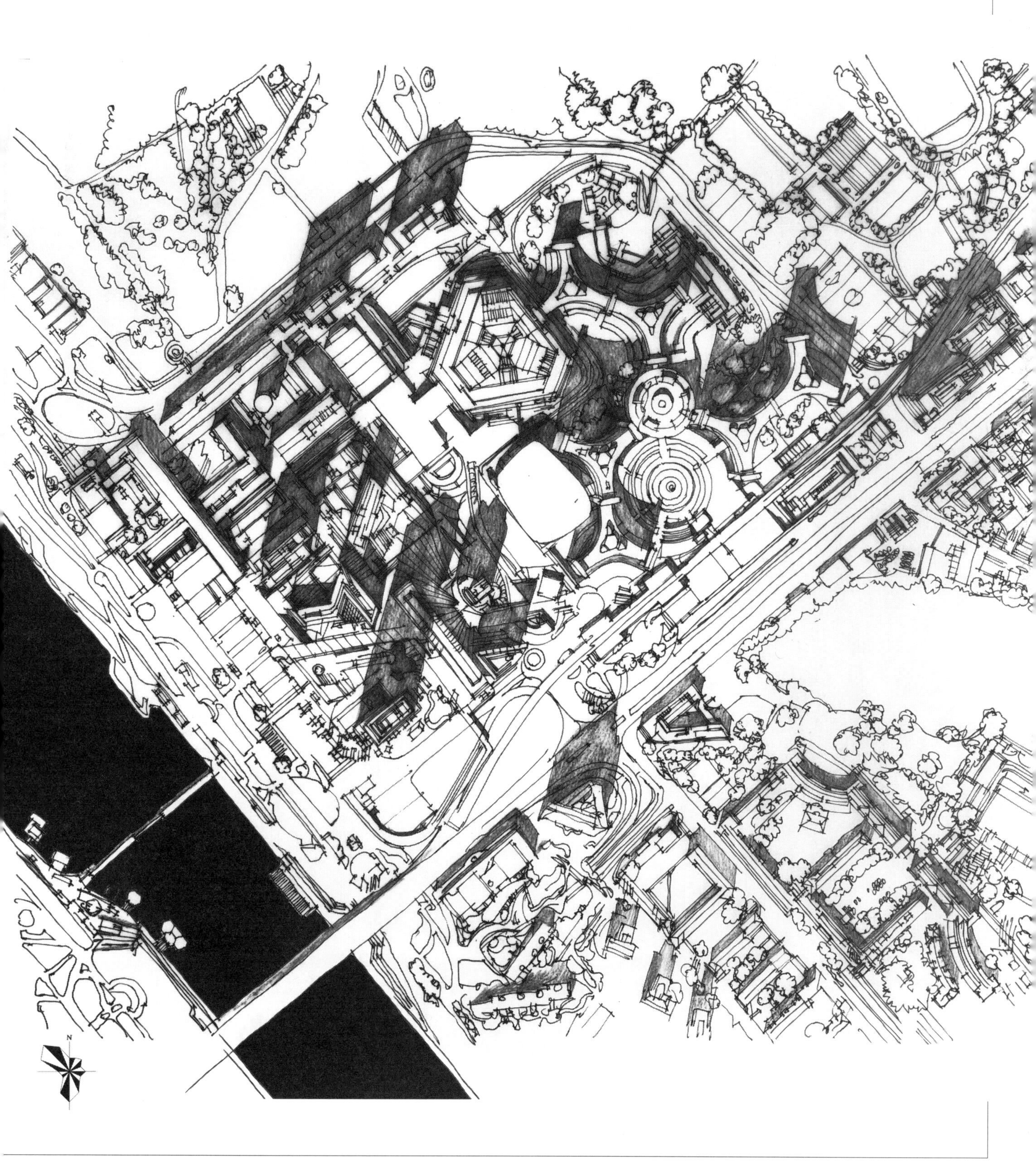

哥本哈根有许多宫殿、城堡和古建筑。城市充满浓郁的艺术气息，有阿肯艺术中心、路易斯安娜博物馆、国家博物馆等众多艺术博物馆。从古老的古典艺术到缤纷的现代艺术，都能在这里找到丰富的展示。在一座城市里，齐聚着古老与神奇、艺术与现代、自然与人文、激情与宁静，这就是哥本哈根，一个迷人的城市。哥本哈根濒临海岸，一条运河正好从哥本哈根中央穿过，因此欣赏这座城市最好的方式就是乘坐运河游船在水上欣赏它，既能领略大部分地标性建筑，更能近距离感受这里人们惬意的生活。

埃吉桑是距离科尔玛只有5千米的一个小镇。埃吉桑凭借古老深邃的历史，尤其以呈同心圆向外辐射的街道布局、精致可爱的建造风格以及蜿蜒浪漫的街道、多姿多彩的文化，散发出了独特的迷人魅力。俯视图以明暗关系表现出屋顶的立体感，明暗仅仅描绘圆圈以内的屋顶，而圆圈以外的屋顶则以单线表示，这样的处理能够突出重点，聚焦画面。

N

弗罗茨瓦夫位于波兰西南部的奥得河畔，是波兰仅次于华沙的第二大金融中心，在经济、文化、交通等诸多方面都在波兰具有相当重要的地位。弗罗茨瓦夫拥有过为数众多的哥特式、文艺复兴式、巴洛克式、古典主义以及现代主义、后现代主义等各种风格的精美建筑。城市中心是一个方形的广场。广场中间有一组商业建筑和一个教堂，中心建筑群和广场并不是平行关系，而是成一个角度，这个在现场是不容易感觉到的，只有在俯视图才能清楚地发现这一点。俯视图以素描的画法，注重建筑物的光影和明暗调子，以表现建筑物的各个细节。

左页是弗罗茨瓦夫全景俯视图与市中心及城市的关系图。

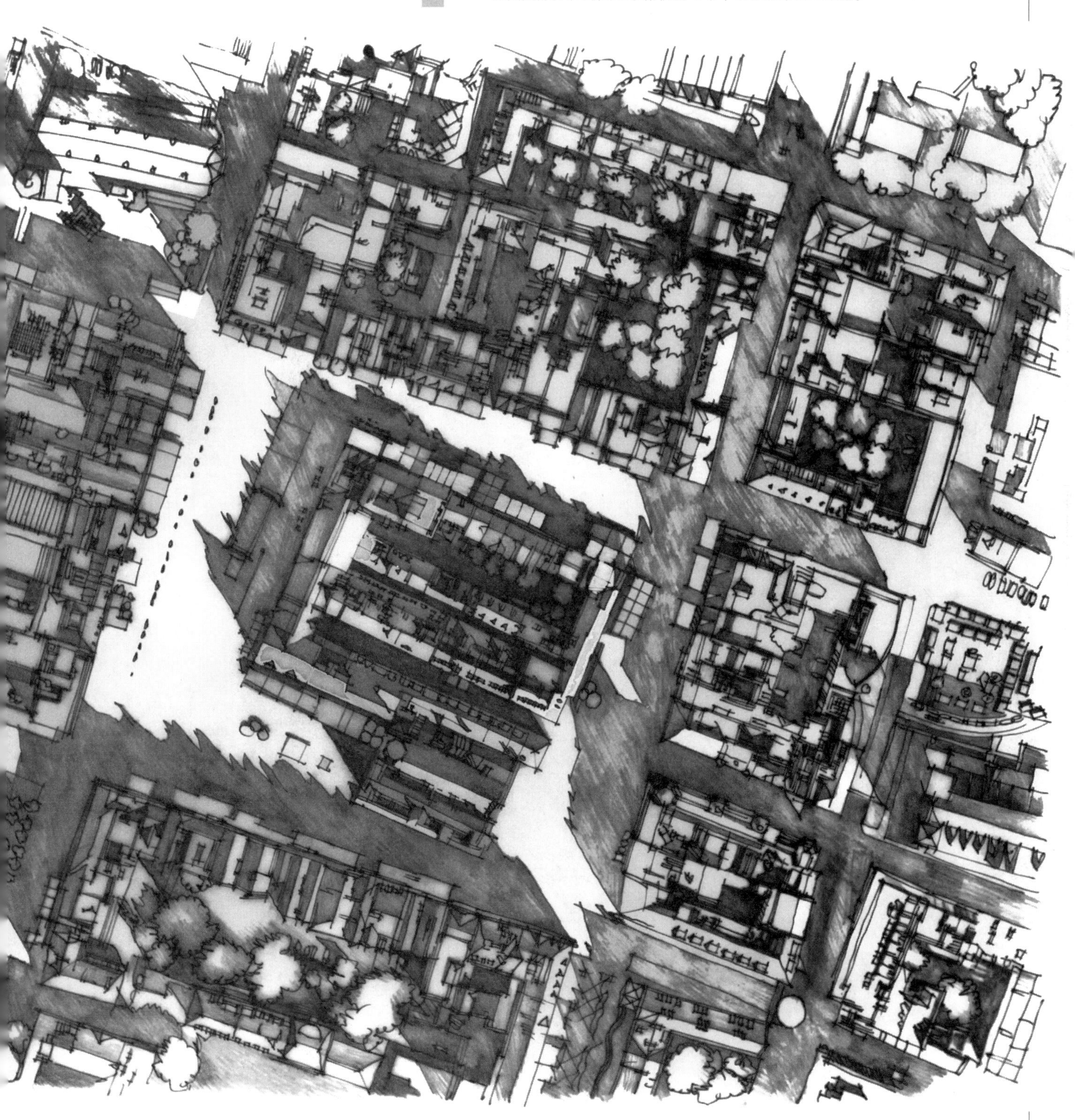

N

蓬皮杜国家艺术和文化中心是坐落于法国首都巴黎拉丁区北侧、塞纳河右岸博堡大街的现代艺术博物馆。整座建筑占地7500平方米，总建筑面积10万平方米，南北长168米，宽60米，高42米，分为6层。大厦的支架由两排间距为48米的钢管柱构成，楼板可上下移动，楼梯及所有设备完全暴露。东立面的管道和西立面的走廊均为有机玻璃圆形长罩所覆盖。文化中心的外部钢架林立、管道纵横，并且根据不同功能分别漆上红、黄、蓝、绿、白等颜色。鸟瞰图中街区的暗部比较淡一些，而蓬皮杜文化中心则黑白对比强烈，自然形成了画面中心。正面局部画面描绘的是巴黎蓬皮杜文化中心局部，通过对后面栏杆以铅笔和钢笔线条加深，将圆形玻璃管道自动扶梯这一建筑最具有代表性的构件凸显了出来。

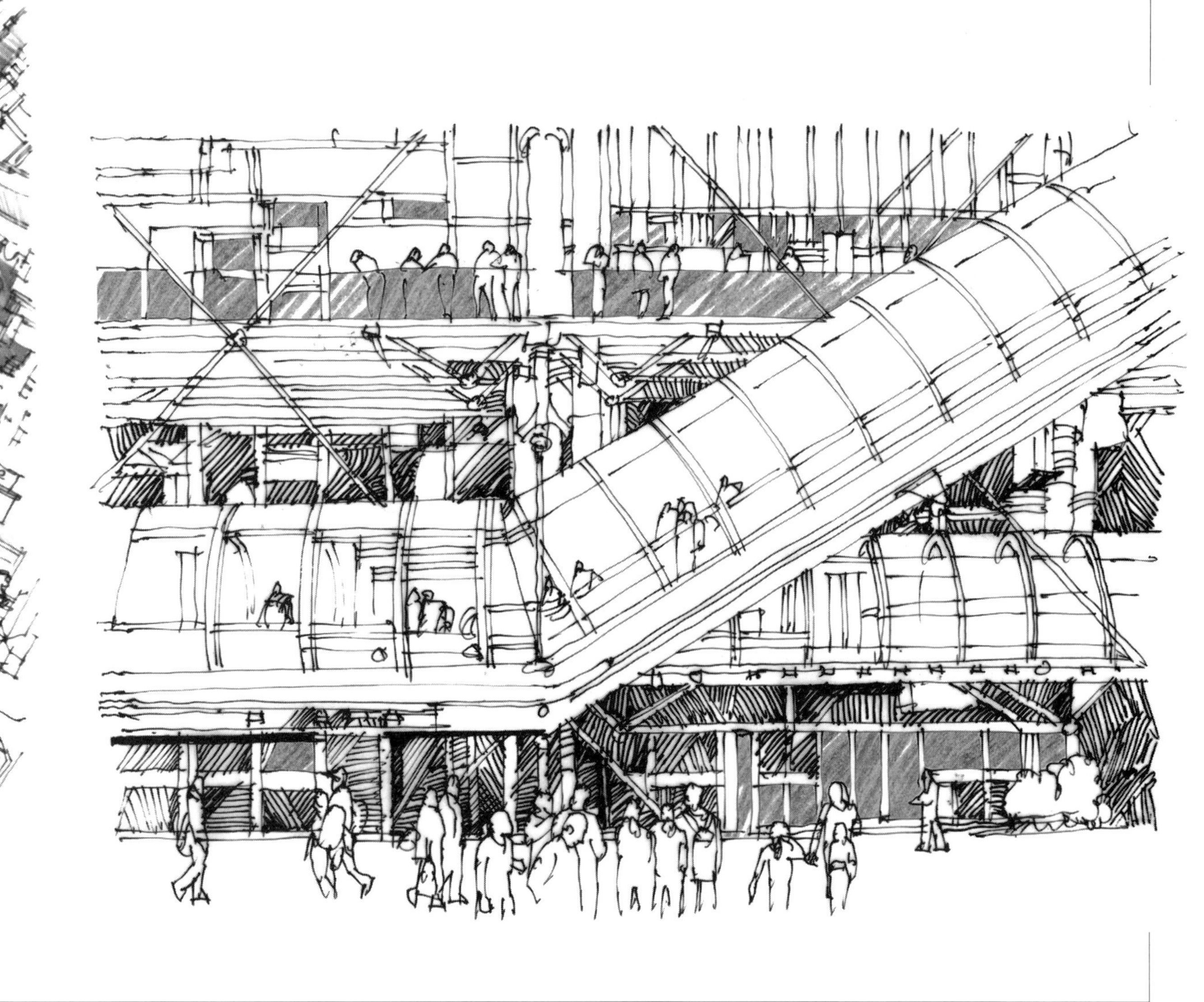

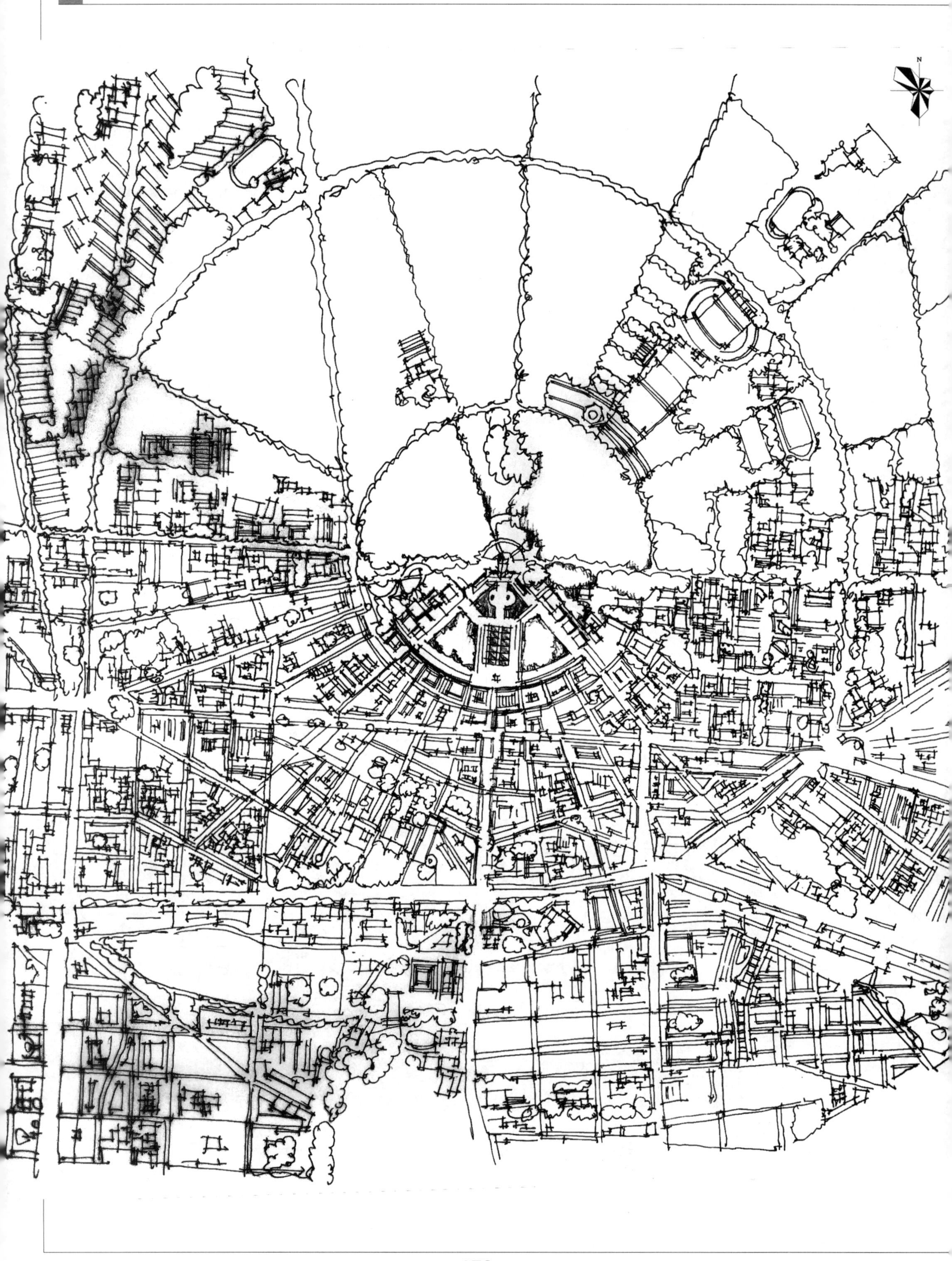
N

自从1715年6月17日德国扇形城市卡尔斯鲁厄奠基以来，其独特的绿色氛围、800多公顷的公园以及独特的扇形布局一直引起人们的关注。从俯视图来看，城市中心区域呈一个巨大的圆圈，圆圈的北半部几乎都是绿地与公园，圆圈中心是皇宫建筑群，圆圈的南部呈扇形布局的是大学城与商业中心区，主要大街以皇宫为中心呈放射状，这样就出现一个奇特的景象，多条大街都能够看到皇宫。左页是卡尔斯鲁厄城市俯视图，下图是正对着皇宫的商业中心大街景观。

N

葡萄牙共和国的首都里斯本，位于该国西部，城北为辛特拉山，城南临塔古斯河，距离大西洋不到12千米，是欧洲大陆最西端的城市，南欧著名的都市之一。里斯本依山傍水，整个城市分布在7个小山丘上，远远望去，色调深浅不一的红瓦顶房屋和浓淡不同的绿色树丛交相辉映，景色十分优美。城市最主要的广场是位于最南部海边的商业广场。广场宽阔，面向大海，这里曾经是海港和贸易中心，见证了葡萄牙的盛世年华。广场恢宏大气又不失古典浪漫，若泽一世的雕像高高矗立在广场中央。奥古斯塔街凯旋门是里斯本经典的石砌建筑，它最初的设计是一座钟楼，最终演变为精雕细刻的拱门结构。凯旋门由6根11米高的圆柱支撑，上面装饰着各种历史英雄人物的大理石雕像，中间是葡萄牙国徽。顶部的雕像群格外引人注目，由于此处檐口高达30米，它上面的人物也必须同样巨大。中间高达7米、气势威严的女神雕像便应运而生。女神代表着荣耀，站立于三层宝座上，手持两顶冠冕，象征着美德和天赋。

右页俯视图表现的是里斯本城市全景图。下图表现的是若泽一世的雕像和奥古斯塔街凯旋门。

里斯本城市以广场巨多而称著，市中心有大大小小的广场，一个接着一个。从海边的商业广场凯旋门进入奥古斯塔大街，走到大街尽头，就来到了罗西欧广场，其北边是国家剧院，西边是火车站，东边是无花果树广场，这里是里斯本跳跃不息的心脏。同时，这里分岔出自由大街与帕尔马大街，与奥古斯塔大街形成了比较明显的Y形。罗西欧广场地面用深浅两色石块铺设出大海波浪的图案，这是一种典型的葡萄牙文化符号，在葡萄牙很多城市的广场、海边都有这种图案的地面。

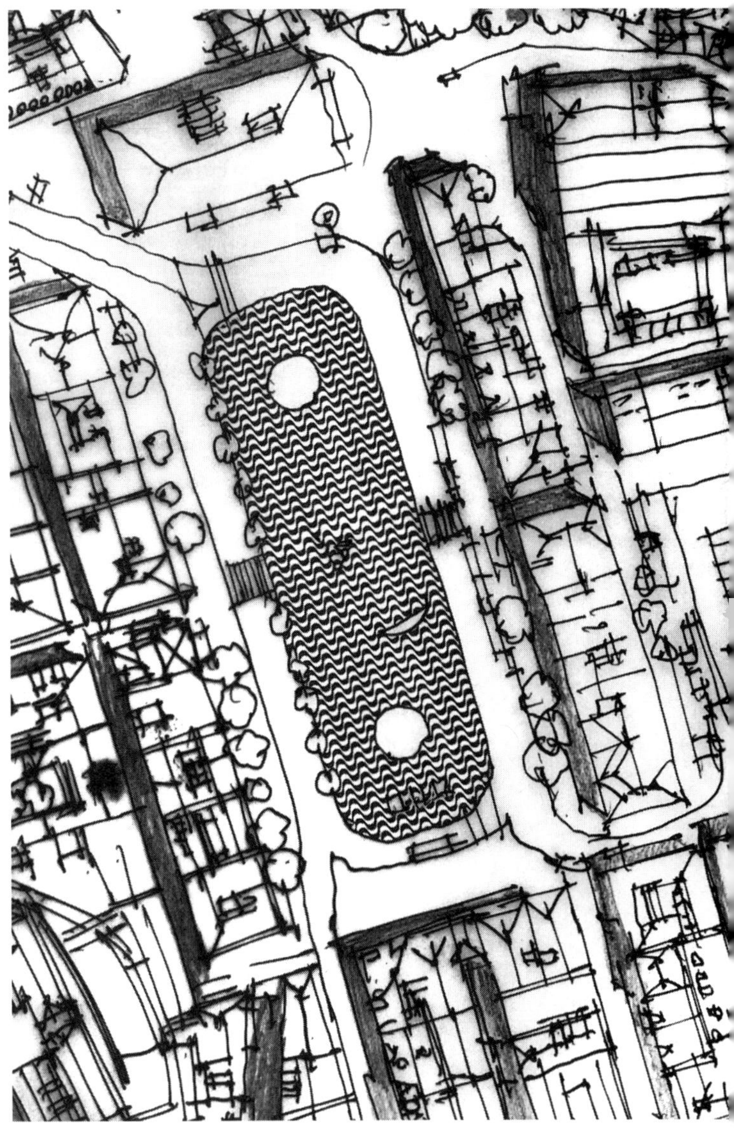

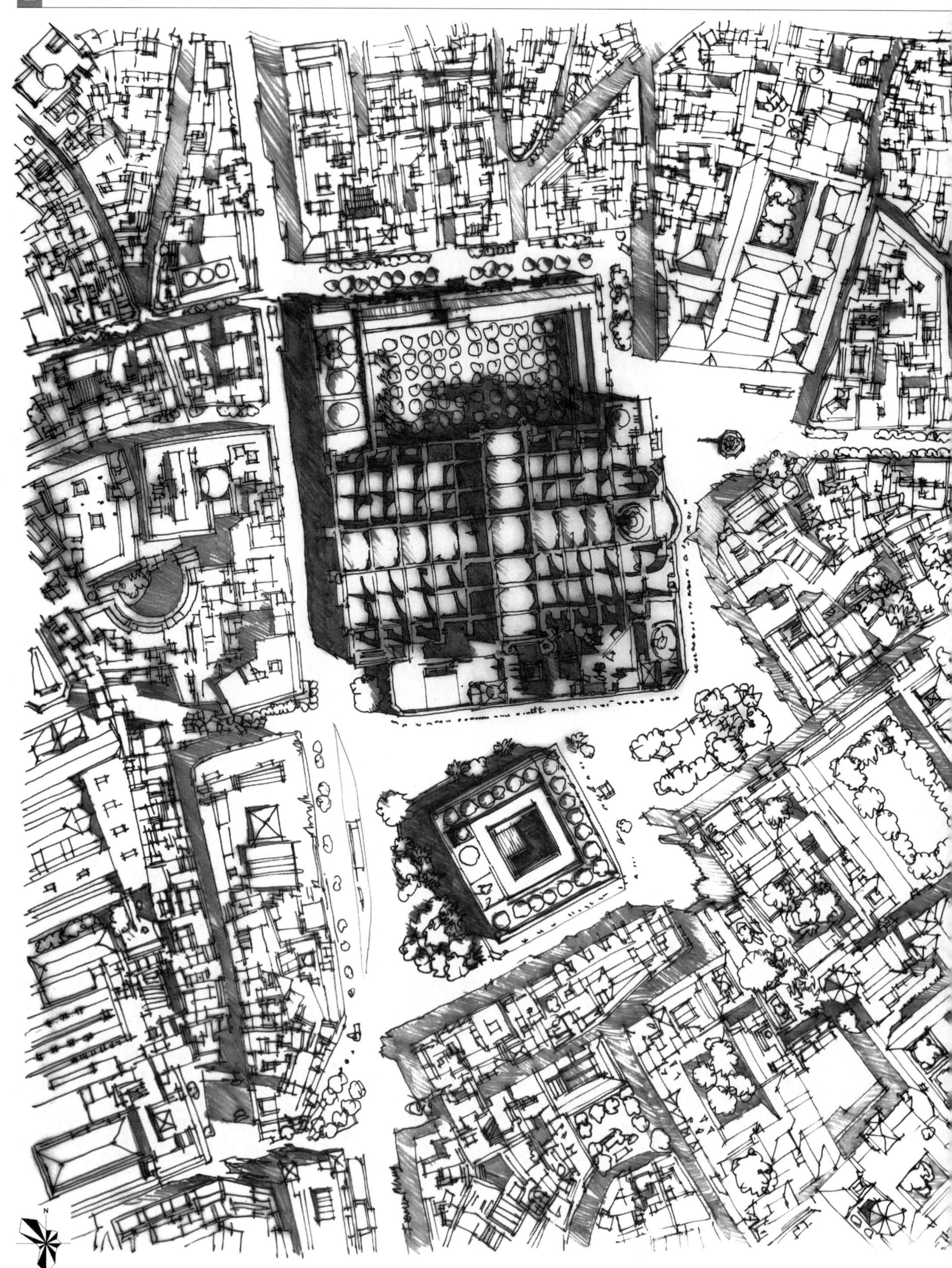

左页俯视图描绘的是西班牙塞维利亚老城区，其着重刻画了塞维利亚主教堂和西印度群岛综合档案馆，加强了建筑物的明暗对比关系，形成了画面的中心，而周边的民居则以淡色处理，呈现了绘图主观上的艺术处理。

本页俯视图描绘的是智利首都圣地亚哥的总统府拉莫内达宫及周边街景。拉莫内达宫北边是宪法广场，南边是公园广场，由于没有特殊处理，其在画面中就不够显著。

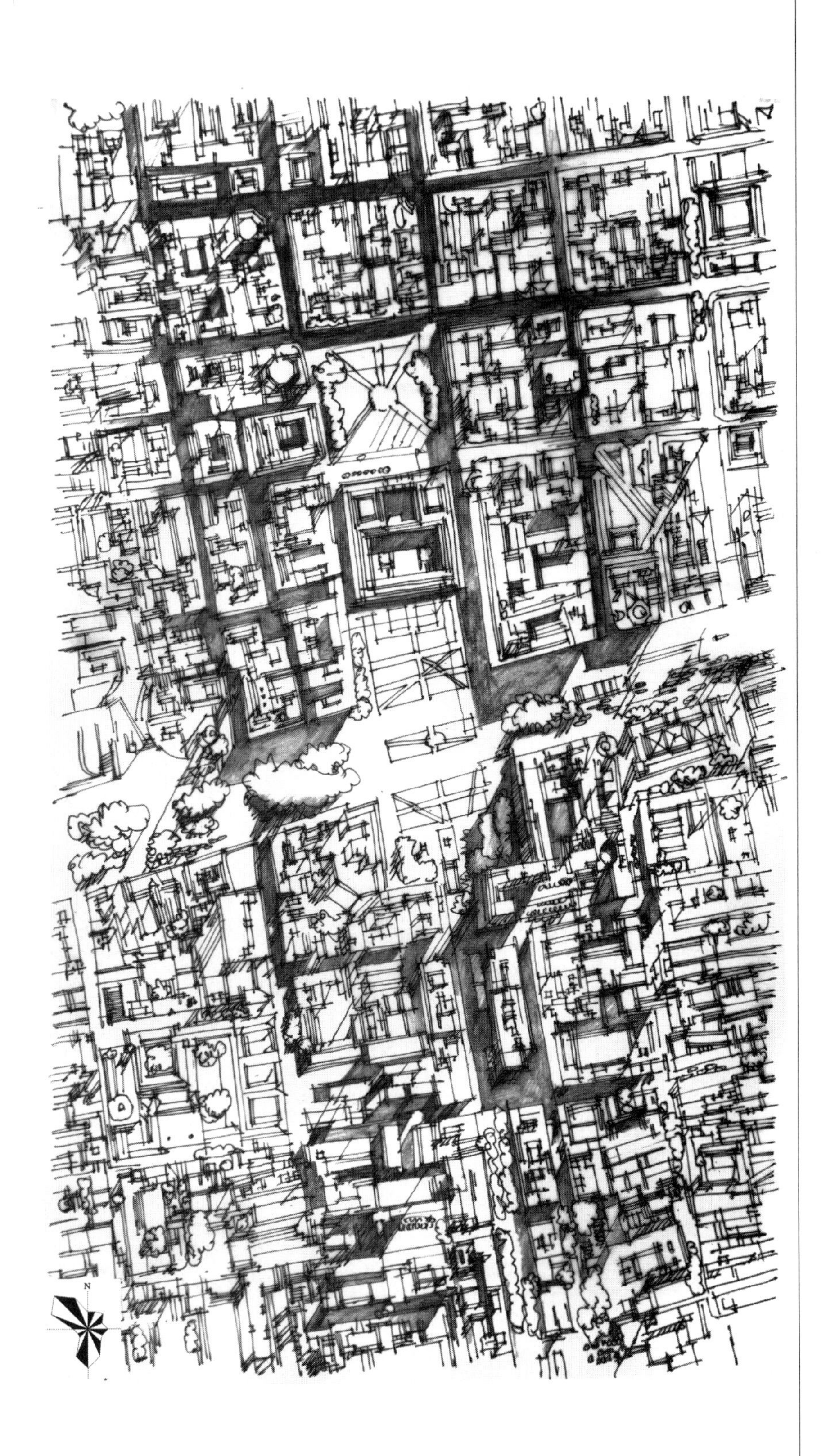

扎莫希奇是波兰东南部的一座城市，1992年被列入世界文化遗产，地处拉班卡河河畔，邻近卢布林高地和罗兹托切丘陵地带，在1582—1591年的9年间完成了宫殿和其他建筑的修建工作。城防系统环绕着整个城市。在最初的城墙内，由意大利人勃尔纳多·莫兰多规划的城市布局设计严谨。其西部是扎莫伊斯基宫殿，东部是扎莫希奇城，城内有广场，布局规则、开放，两条轴线垂直相交。新的星状沃邦式防御城墙修建于17世纪。集中了中欧各城市传统的扎莫希奇城市建筑体现了巴洛克艺术风格，尤其是文艺复兴时期的艺术风格。城市大厦前的大集市广场就是一个杰出例证，广场坐落在扎莫希奇老城中心，极富古朴的魅力。它呈正方形，长和宽均为100米。广场周边环绕着拱廊和五彩斑斓的房子，装饰着雅致的花纹和图案，文艺复兴时期风格和巴洛克风格的建筑通过石拱和石门相连。扎莫希奇市政厅坐落在大市场北侧，是广场周边最高大的建筑。其拥有一座高耸的塔楼，外墙被涂成粉色。要塞位于扎莫希奇老城东南端，这些星形要塞城堡至今保存完好。

第188页是巴西利亚俯视图。巴西新都巴西利亚是从平地建设起来的新城。历史上，巴西曾先后在萨尔瓦多和里约热内卢两个海滨城市建都。1950年前后，里约热内卢是巴西的首都，并成为全国的政治、经济和文化中心。由于城市人口高度集中，使之染上了严重的城市病。为了改变巴西的工业和城市过分集中在沿海地区的状况，并开发内地不发达区域，1956年，巴西政府决定在戈亚斯州海拔1100米的高原上建设新都，定名为巴西利亚。1957年巴西利亚开始建设，由巴西建筑师尼迈耶担任总建筑师。至1960年初具规模，正式从里约热内卢迁都新址。巴西利亚的建设在当时世界的城市规划界和建筑界传为盛事。巴西利亚规划颇具特色，城市布局骨架由东西向和南北向两条功能迥异的轴线相交构成。从空中鸟瞰，巴西利亚的城市布局像一架巨大的飞机。东西向的主轴线长6千米，主轴线东端是三权广场，广场平面基本呈三角形，包括议会大厦、最高法院和总统府等国家机关。南北向轴线呈弧形的翼状，两翼各长5千米,有一条主干道贯穿其间，主干道两旁布置着长方形的居住街区。

巴西利亚俯视图

学习要点

对于建筑速写作品的欣赏和分析也是学习的一个重要组成部分。除了要懂得欣赏画面的优点，吸收其可取之处外，还要能够指出画面的不足与缺憾，并且在欣赏的同时将自己融入所面对的作品中进行换位思考，设想自己创作时的画面构图和绘图表现手法。对于建筑速写来说，“眼高手低”并不是一个糟糕的状态，反而可能是一种渐入佳境的学习阶段。在眼高的同时，配合长时间的训练和摸索，进而实现“手高”，直至最终达到“眼高手高”的境界。

建筑速写作品赏析

速写是以迅速而准确的观察力，运用简练的线条，扼要地描绘出对象的神态、形体、动作等特征的一种画法。它是培养作者敏锐的观察力和迅速把握对象特征的概括力的重要绘画手段，也是记录生活和积累创作素材的重要手段。随着速写量的不断增加，写生水平的不断提高，我们的思维会变得更加敏锐，对客观状态的认识会愈加深入，审美的能力也会不断提高。与其说速写是一种训练形式，倒不如说是一种素质的培养。艺术家、设计师所进行的每一件作品都蕴涵着创作思维和个人情感，在构思阶段的思维应是开放的、发散性的，要敢于尝试、运用各种手段和形式，发挥个人在表现上的独创性。建筑速写的表现形式应该是多样化的，可以遵循写实的思想，较多地追求理性化表达方式，做到透视准确，比例和体量协调，线条流畅，能真实地反映设计效果等。在设计建筑速写时，可以用写意的手法，甚至是抽象的手法，写下自己的瞬间灵感和意象，用线可以随心所欲，大胆而放纵，也许会有一种新的形象，新的感觉诞生。我们可以采用各种各样的形式，各种建筑速写工具和材料，多种表现手段，并主观添加，合理精简，对建筑速写做更多的尝试，大大扩展它的表现形式，为日后的艺术创作留下生动的素材。

本章集中安排了8幅作品，均采用拉页形式，使其可以完整地展开观看。

海边的教堂

画面表现了意大利威尼斯圣玛莉亚教堂，建筑构成了优美的城市天际线。画面在线条的运用上做了一些变化，前景用粗犷的线条勾画，中景主体建筑用笔则比较细腻和精确，天空则以条状的灰色云带，衬托了教堂巨大穹顶的靓丽。

都市交响曲

远眺美国费城市中心景观，呈现的几乎全是建筑群的立面，以钢笔画为主，以水墨为媒介，实现具象和抽象相结合的明暗处理。另外还吸收了一些中国画的手法，使画面既有现代感，又富有东方文化的神韵。

米兰大教堂

大教堂位于米兰市中心，几乎是米兰的象征。作品表现了意大利米兰大教堂雄伟的正立面。画面以钢笔线为主，利用线条的排列表现了明暗关系，并利用门窗的阴影很好地体现了建筑物的凹凸关系。

古城萨尔茨堡远眺

画面表现了奥地利古城萨尔茨堡的古建筑群。其以黑白灰关系拉开了远近建筑的距离，并使画中各建筑物的轮廓线错落有致，此起彼伏，极富节奏感和韵律感。

罗马圣彼得大教堂俯视图

圣彼得大教堂是世界上最大的教堂、最杰出的文艺复兴建筑和天主教会最神圣的地点。圣彼得大教堂前的广场是椭圆形的，方圆约有3.5公顷，正中间是一高耸的方尖碑，两边各有一个喷水池。连接大教堂和圆形广场的是一梯形广场。这一圆形广场便与其相联结。梯形的小广场像是一个倾斜的舞台，广场的两边，成弧形地组成巨大而彼此联结的柱廊。从高处俯视，这两边的弧形柱廊象征着上帝张开其巨型臂膀把所有信徒拥入自己的怀抱。画面着重刻画光影关系，以突出场景的立体感。

锡耶纳鸟瞰图

意大利锡耶纳是一所独特的中世纪城市，它保留了其古城的特色与性质。它真正影响了中世纪的艺术、建筑和城市的规划，城市建筑结构与周围文化景观所形成的整体效果协调一致，不仅影响了意大利而且影响了大部分欧洲国家。画面几乎以白描的形式勾勒出贝壳广场、市政厅的钟塔与大教堂，使周边的景观融为一体，交相辉映。

巴黎歌剧院俯视图

巴黎歌剧院的建筑风格秉承了古典建筑样式的脉络，囊括了古典主义、巴洛克样式和具有洛可可风格雏形的样式，甚至还具有后现代的多种多样的特征。画面几乎按照素描的手法描绘，主观上安排了最重的部分在歌剧院，其余部分明暗对比度适当减弱，自然就形成了画面的焦点。

澳大利亚堪培拉联邦议会大厦俯视图

澳大利亚联邦议会大厦位于堪培拉城市中心山顶，大厦与周边的道路系统构成了巨大的几何形状。它是建筑艺术、工艺美术和装饰艺术完美壮观的统一体，反映了澳大利亚的历史以及迥然不同的多元文化。画面以平铺直叙的方法描绘了场景，中心建筑做了重点刻画，以形成画面焦点。

■ 海边的教堂

古城萨尔茨堡远眺

米兰大教堂

锡耶纳鸟瞰图

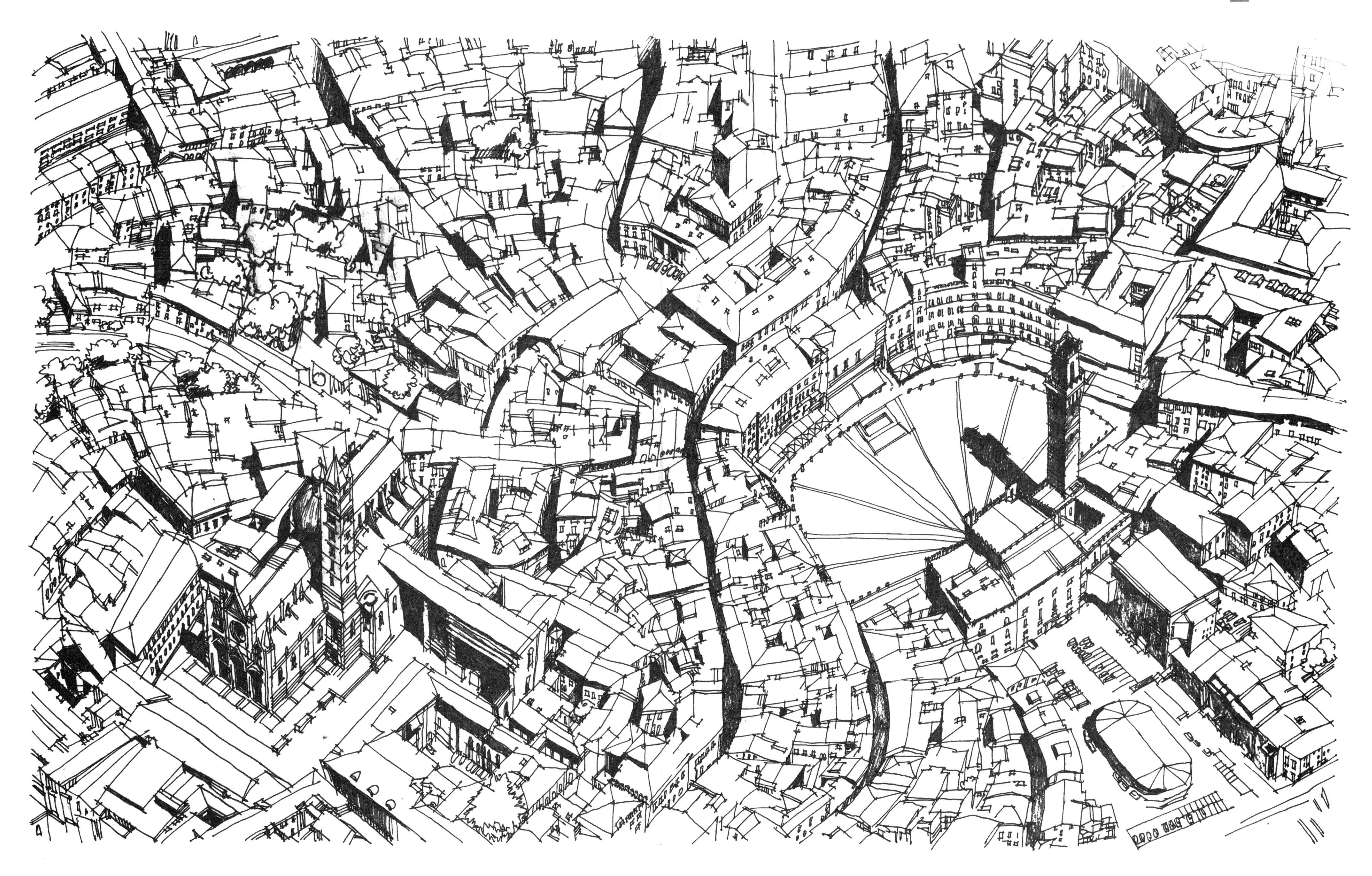

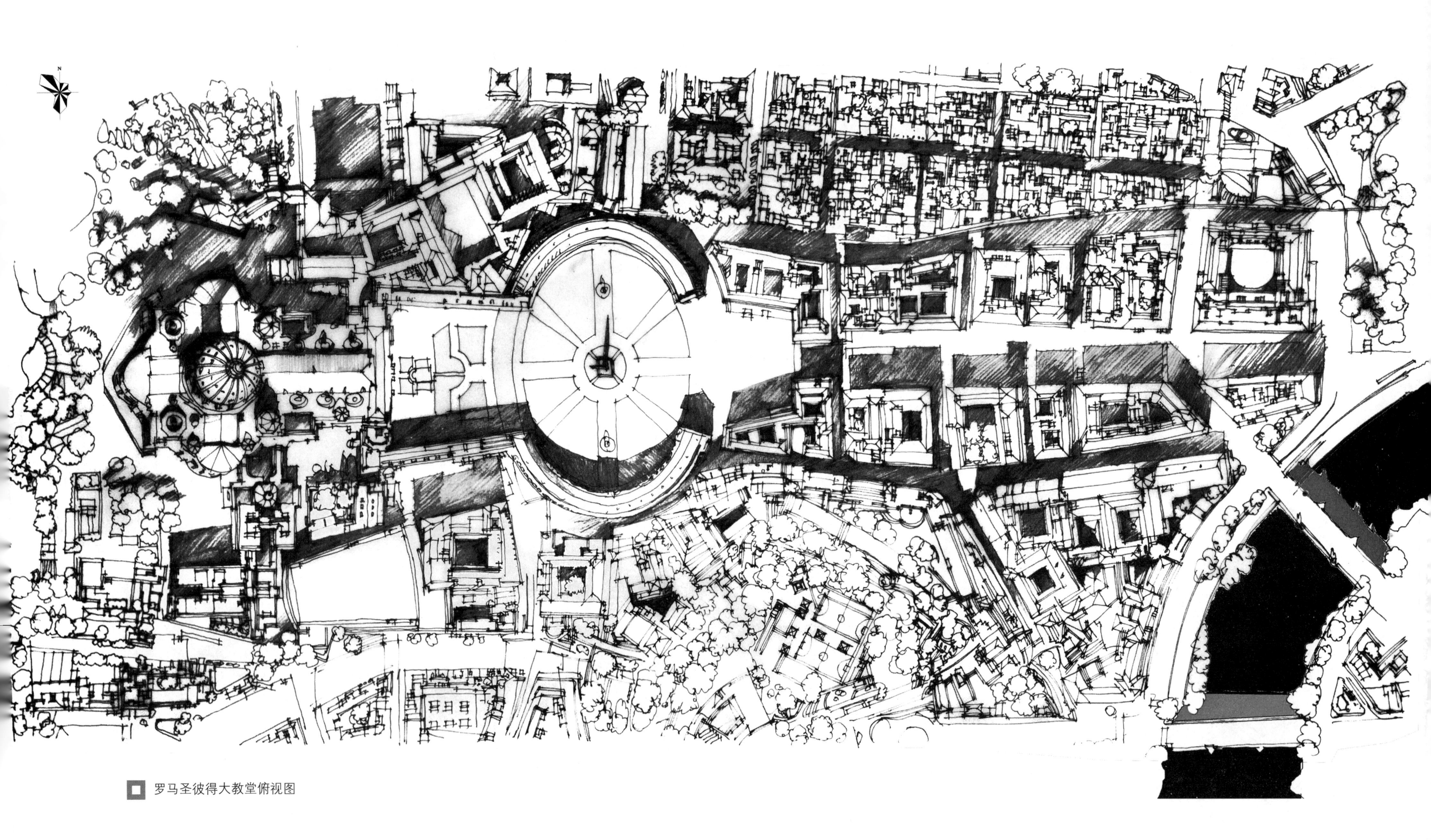

罗马圣彼得大教堂俯视图

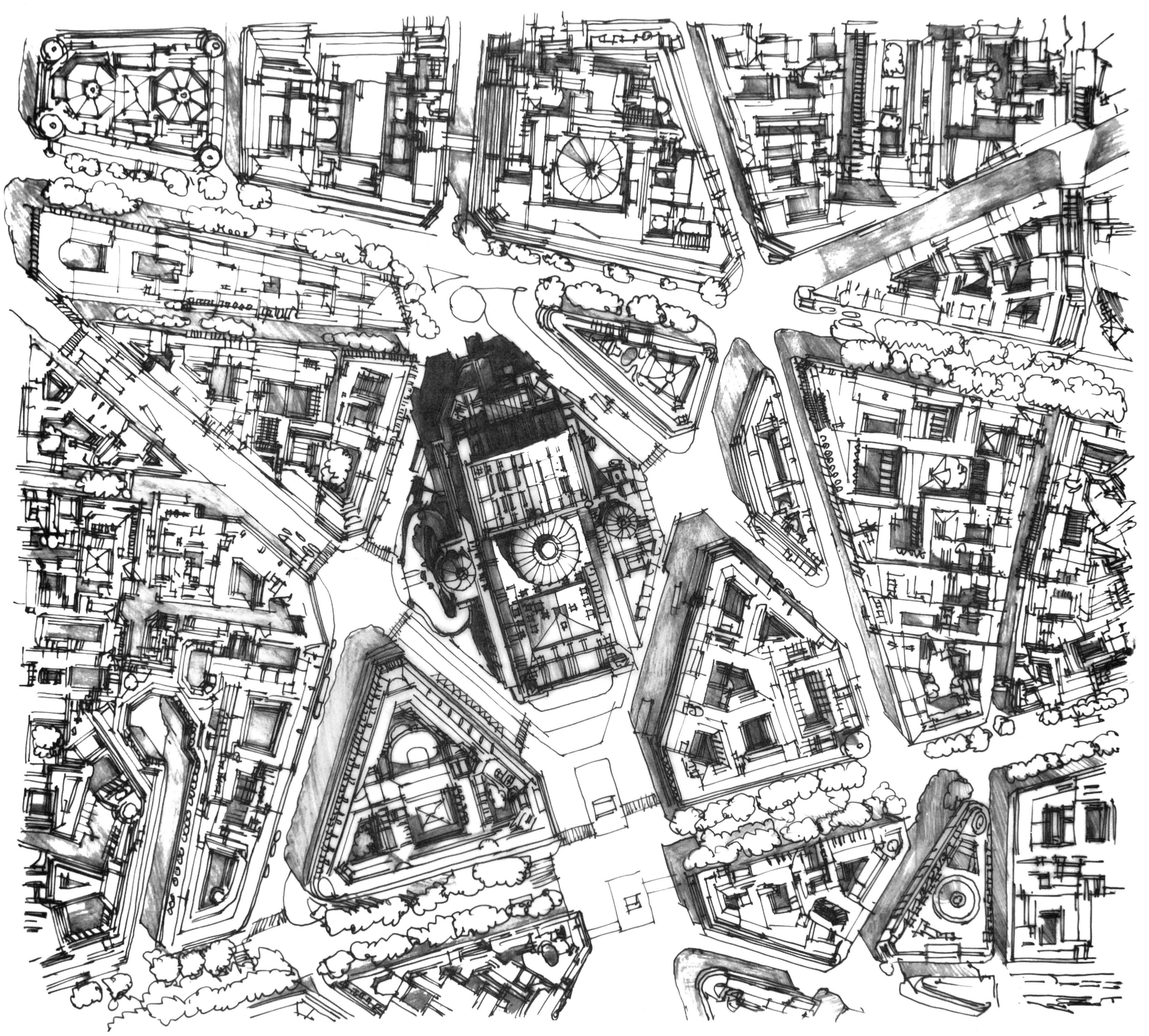

巴黎歌剧院俯视图

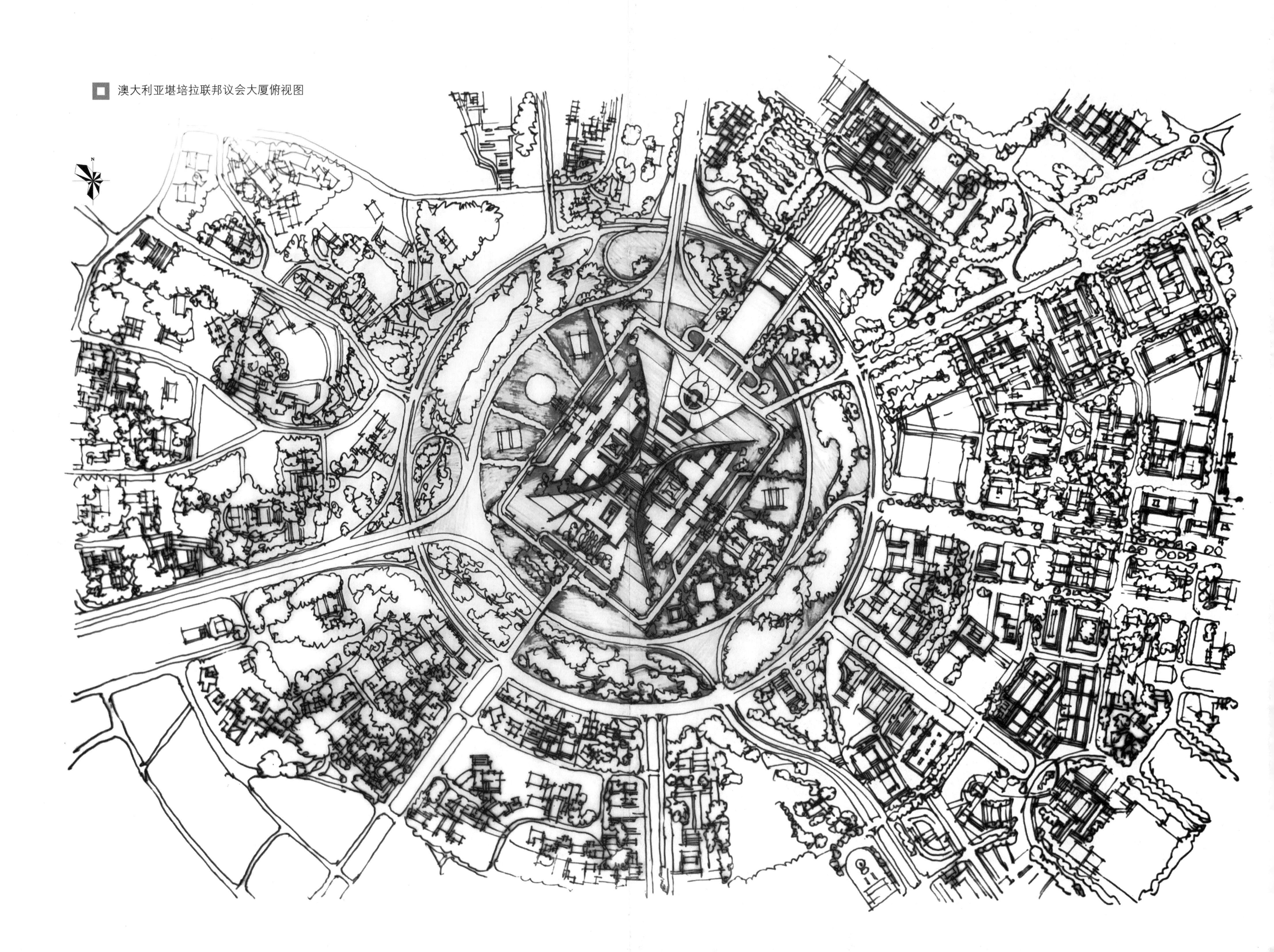

澳大利亚堪培拉联邦议会大厦俯视图